Guía curiosa de las plantas

Horti Curious: A Gardener's Miscellany facts & Remarkable Plants

Autora: Ann Treneman

Publicado conjuntamente con la Real Sociedad de Horticultura

Concebido, diseñado y producido por The Bright Press, con una impresión de:

Quarto Group

1 Triptych Place

Londres, SE1 9SH

www.quarto.com

Primera edición en español: febrero de 2026

9 Grupo Editorial / Lectio Ediciones

C/ Mallorca, 314, 1° B • 08037 Barcelona

Tel. 977 60 25 91 – 93 363 08 23

lectio@lectio.es

Asesoramiento: Xavier Salat Brunel

Impreso en Cantón, China – TT/Nov/2025

ISBN: 978-84-18735-90-5

DL T 773-2025

Guía curiosa de las plantas

COMPENDIO DE JARDINERÍA
SOBRE HECHOS SORPRENDENTES
DE LA BOTÁNICA

Lectio Ediciones

Lilium speciosum
«Imperiale»

Contenido

Introducción

Estoy segura de que todos los jardineros recuerdan el momento en que las plantas se volvieron «reales» para ellos. Para mí, fue cuando me embarqué en el proyecto de crear el primer jardín que sería mío y solo mío. Digo jardín, pero el espacio no medía más de un metro de largo por medio metro de ancho, un rectángulo de tierra encajado entre el garaje y el camino de entrada a la casa. Un espacio reducido, un horizonte amplio: quería cultivar hierbas y, mientras investigaba qué plantaría, se me abrió un nuevo mundo de sabores y cuidados, tanto antiguos como modernos. Allí, en mi pequeño rectángulo, había mucho más que tener en cuenta que solo algunas plantas.

Esto se puede aplicar a prácticamente todos los aspectos de la horticultura: siempre hay muchas más cosas que llaman la atención. Ha sido muy divertido poder explorar el maravilloso caleidoscopio de hechos, formas y follajes que conforman la miscelánea de lo que podríamos llamar «plantología». ¡Qué placer ha sido sumergirse en el mundo de la *Guía curiosa de las plantas* con toda su infinita diversidad y gloria!

Si las plantas pudieran hablar, nos contarían historias estupendas (de supervivencia, hazañas, dramas, belleza, amigos y enemigos). Son salvajes en muchos sentidos, y este libro pretende llegar donde otros no han llegado. Me parece que es una especie de gabinete de curiosidades, o *wunderkammer*, tan de moda en la época del Renacimiento. Pero, en lugar de muebles de madera, aquí se recopilan objetos y anécdotas en las páginas de un libro. El muestrario puede llegar a recoger curiosidades tan pequeñas como una semilla de orquídea y tan grandes como Groenlandia, tan antiguas como Adán y Eva y tan recientes como mañana mismo. Todo ello cuenta una historia que nunca deja de sorprender e intrigar sobre un mundo verde en constante cambio.

Ann Treneman

Rosa indica
«Fragrans»

Strelitzia reginae

Capítulo 1

Botánica preciosa

Este capítulo está dedicado al maravilloso mundo de la botánica en todas sus formas. Incluye plantas extraordinarias, flores que curan y que matan, y el secreto significado de los ramos.

¿Qué es una flor?

Anatomía de una flor

Vemos una flor como una floración, algo bello, una florecita; pero, por definición, una flor es donde tiene lugar la reproducción sexual, la precursora de la semilla o del fruto. Sin embargo, no todo se reduce al sexo, en el sentido de que también contiene órganos que envuelven y protegen la flor emergente (los sépalos) y un anillo de pétalos (la corola) para atraer a los polinizadores. Los órganos reproductivos son los estambres (masculinos) y los carpelos (femeninos). Esta es su anatomía básica, pero dentro del reino de las plantas con flores (angiospermas) existe una enorme diversidad, como por ejemplo las flores unisexuales, y aquellas que son pequeñas y poco llamativas (como las gramíneas, por ejemplo, que se polinizan por el viento y no necesitan atraer a los polinizadores).

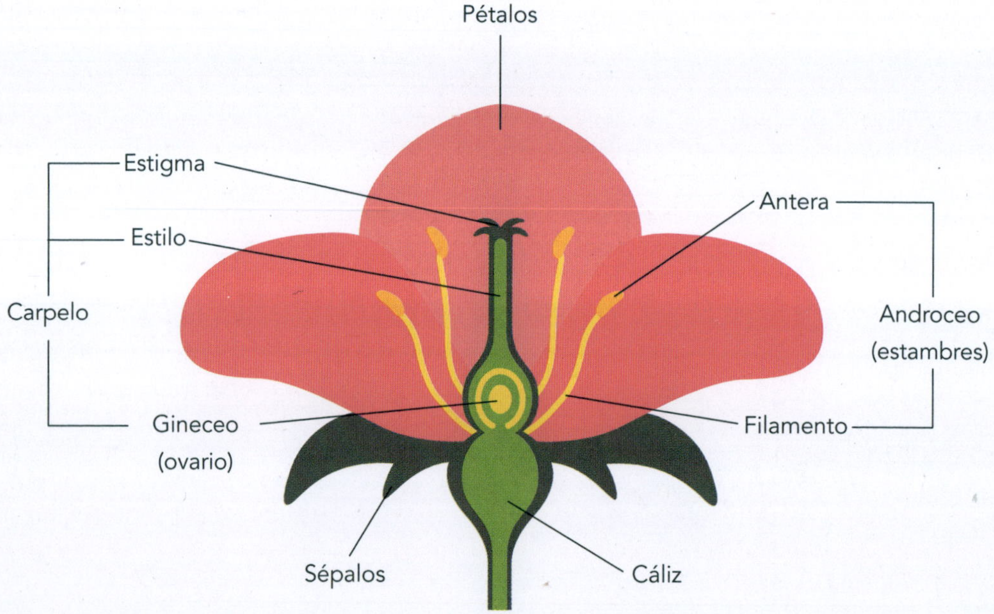

Rhododendron

Inflorescencias

Una inflorescencia es la forma en que se disponen las flores en el eje floral de la planta. La agregación o el conjunto de flores presenta una distribución concreta. Existen dos tipos generales: racemosa o cimosa. En el segundo caso, la flor central se abre primero, y el crecimiento continúa a través de las yemas axilares. En el primero, las flores axilares se forman primero.

Racemosa

Racimo

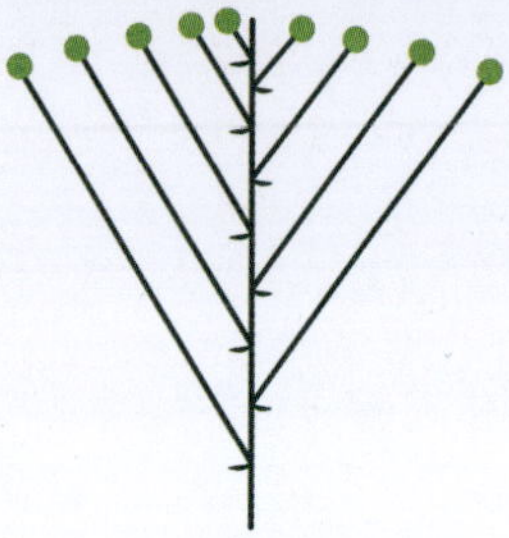
Corimbo

Espiga

Amento

Espádice

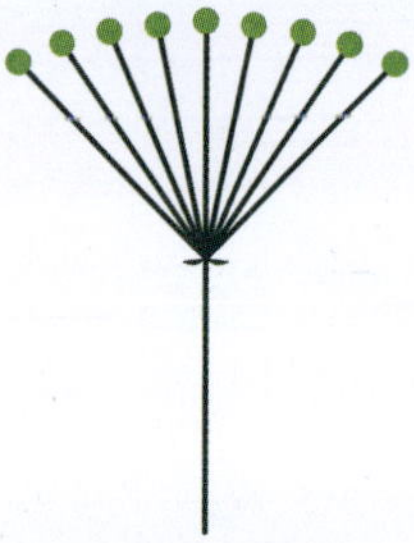
Umbela simple

Umbela compuesta

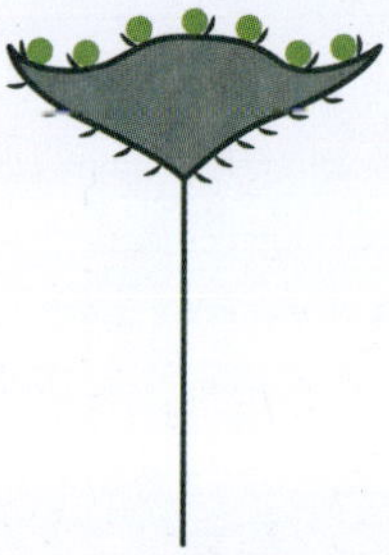
Capítulo

Cimosa

Cima helicoide

Cima multípara

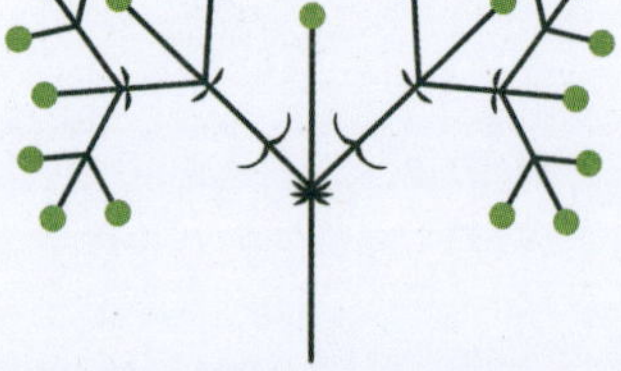
Cima compuesta

Floración confusa

¿Cuántas especies vegetales hay en la Tierra? Al abordar esta pregunta, es necesario tener en cuenta algunos importantes «desconocimientos conocidos», por no mencionar los «desconocimientos desconocidos». La lista de plantas descubiertas y catalogadas cambia constantemente, y el informe más reciente sobre el estado de las plantas y los hongos del mundo, elaborado por los Reales Jardines Botánicos de Kew en 2023, calcula que se identifican anualmente cerca de 2.500 nuevas especies de todo tipo de plantas. No es un «conocimiento conocido», pero en general se acepta que existen aproximadamente 350.386 especies de plantas. También se estima que entre el diez y el veinte por ciento de las plantas (aunque no todas las floraciones) aún no han sido descubiertas. El informe calcula que el 45 por ciento de las especies con flores están en peligro de extinción. Por lo tanto, la mejor respuesta a la pregunta de «cuántas especies de plantas hay» ronda por encima de las 400.000. Probablemente.

Las flores más viejas

Las plantas con flores más antiguas no eran las más llamativas. Aparecieron hace 131 millones de años, a comienzos del período cretácico: la Tierra era relativamente cálida, con selvas que se extendían hasta los polos. Los numerosos mares interiores estaban habitados por reptiles marinos, mientras que los dinosaurios dominaban la tierra firme. Las primeras plantas con flores fueron la *Montsechia* (descubierta en Cataluña) y la *Archaefructus* (en China). Ninguna de las dos tenía pétalos, y ambas eran acuáticas. Recordaban un poco al ceratofilo espinoso (*Ceratophyllum demersum*), con tallos sinuosos y hojas pequeñas, pero sobre todo poseían órganos reproductores. No obstante, el trofeo a la «flor más antigua» podría estar en disputa, ya que el fósil de otra planta, llamada *Nanjinganthus dendrostyla*, hallado en China y datado 50 millones de años antes, se está estudiando como posible ganadora.

Ceratophyllum demersum

«Arrancándole los pétalos, no se capta la belleza de la flor».

Rabindranath Tagore, poeta y erudito bengalí

La Doctrina de las Firmas

Lo similar se cura con lo similar

La Doctrina de las Firmas se basa en la idea desfasada de que las plantas pueden curar las partes del cuerpo a las que se parecen. Se trata de una creencia antigua que se encuentra en culturas tradicionales de todo el mundo. La idea de que «lo similar se cura con lo similar» (*similia similibus curantur*) es una piedra angular de la medicina tradicional china y de la herbolaria indígena americana, y también está presente en culturas asiáticas, africanas, precolombinas y europeas. En el año 65 d. C., el médico y botánico griego Dioscórides explicó su funcionamiento: «La hierba Scorpius recuerda a la cola del escorpión, y es buena contra sus picaduras». No está claro a qué hierba se refiere, aunque la ortiga podría ser una candidata.

El ginseng, una celebridad a contracorriente

La raíz del ginseng asiático, que prefiere la sombra (*Panax ginseng*), presenta un aspecto poco impresionante en su estado natural. El «cuerpo» de la raíz es pequeño pero robusto, con un enredo de raíces secundarias más finas y delicadas que salen de la raíz principal. «Ginseng», en mandarín, se traduce como «raíz de persona» o «esencia humana», y *Panax*, como «panacea». En las medicinas tradicionales, el ginseng se valora como un reconstituyente que además se considera afrodisíaco y elixir. La planta en sí es una celebridad a contracorriente: crece en terrenos boscosos, le cuesta muchísimo germinar (puede tardar dos años) y también crece lentamente. Debe tener al menos seis años para ser recolectada. El ginseng asiático está prácticamente extinguido y ha sido sustituido por un «ginseng artificialmente silvestre» o por la variedad cultivada, más económica. La versión americana, *Panax quinquefolius* (usada por los indígenas americanos), también recolectada en exceso, está sometida a controles de exportación.

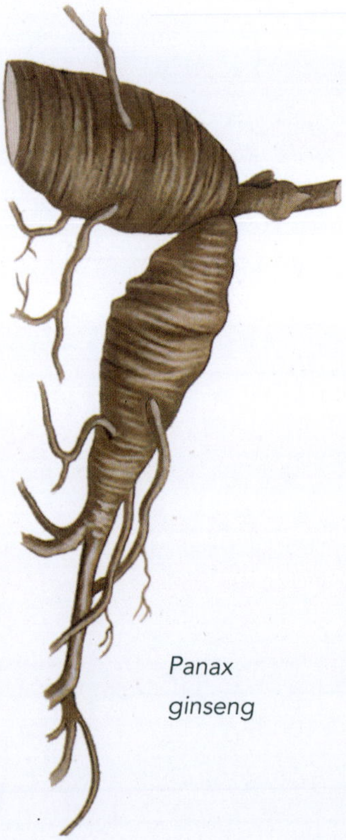

Panax ginseng

Plantas medicinales

Aristoloquia (*Aristolochia clematitis*): planta trepadora con flores que recuerdan al útero y al canal vaginal. En Europa se utilizaba para tratar a las mujeres durante el parto; más adelante se descubrió que era tóxica para los riñones (nefrotóxica).

Eufrasia (*Euphrasia officinalis*): planta silvestre de pequeñas flores que recuerdan al ojo humano. Se utilizaba para tratar infecciones oculares.

Pensamiento silvestre (*Viola tricolor*): la parte superior de las flores recuerda a las aurículas del corazón. Se recetaba como tónico general para el corazón, además de servir para curar un corazón roto.

Hepática (*Hepatica nobilis*): esta pequeña planta con flores tiene hojas trilobuladas que alguien, con mucha imaginación, pensó que se parecían al hígado. En general, se utilizaba como tónico hepático.

Culantrillo (*Adiantum raddianum*): planta con un follaje abundante que se creía (y aún hay quien lo cree) que curaba la calvicie y el cabello debilitado, mediante extractos que se toman por vía oral o se aplican directamente sobre el cuero cabelludo.

Granado (*Punica granatum*): la fruta de múltiples semillas se creía que recordaba una mandíbula humana con sus dientes. Se recetaba para curar el dolor de muelas.

Viola tricolor

Punica granatum

Nomenclatura: su nombre lo dice todo

La historia de los intentos por encontrar una manera científica y ordenada de clasificar las plantas es larga y complicada. Durante siglos, la idea general no fue más que un batiburrillo caótico de ideas contradictorias. ¿Las plantas debían organizarse según una sola característica, como el número de pétalos de la flor, tal y como pensaba el botánico francés Joseph Pitton de Tournefort (1656-1708)? Su contemporáneo inglés John Ray (1627-1705) defendía un método más sofisticado en el que intervenían otros atributos. Un joven sueco, Carl von Linné (1707-1778), que se obsesionó con la botánica desde los ocho años, si no antes, pensó que la mejor manera de hacerlo era según las características sexuales.

El sistema sexual de Linné, con cortinas de cama o sin ellas (véase la columna de la derecha), no resistió el paso del tiempo (la genética ganó la partida), pero lo que sí se ha conservado, y lo ha consagrado para la posteridad, es la manera en que ordenó la denominación de las plantas. Se abandonaron las frases largas y enrevesadas, como *Physalis annua ramosissima, Ramis angulosis glabris, Foliis dentato-serratis*, y se adoptó la forma mucho más ágil y ligera *Physalis angulata* (tomatera de invierno).

Esta forma de categorizar plantas, según el género primero y luego según la especie, mediante un sistema conocido como nomenclatura binomial, no era nueva, pero Linné la utilizó con una coherencia que acabó imponiéndose. A Linné le gustaban las cosas «claras», según decía. Era hijo de un pastor (decepcionó a su padre al no querer serlo él también) y nunca perdió la fe. Una de sus frases preferidas era: «Dios creó, y Linné organizó». Esta es, quizá, la autobiografía más sentenciosa que se haya hecho jamás.

Plantas sexuadas

Linné, en primer lugar, utilizó las características sexuales como herramienta de clasificación en su libro *Systema Naturae*, que marcó un hito y que fue publicado en doce volúmenes entre 1735 y 1768, como una versión del siglo XVIII de una hoja de cálculo de Excel. Era decididamente florido en su manera de describir el sexo y las plantas: «Los pétalos reales de una flor no contribuyen en nada a la generación, y solo sirven como lecho nupcial que el gran Creador ha preparado de forma tan espléndida, adornado con cortinas de cama tan preciosas y perfumado con tantas fragancias deliciosas, para que el novio y la novia puedan consumar las nupcias con mayor solemnidad».

Las normas

Los nombres científicos se basan en un código internacional de nomenclatura. El nombre siempre empieza por el «género», que es la principal categoría taxonómica de la «familia» y que indica un grupo que comparte muchas similitudes estructurales. La «especie», que es la siguiente categoría, es todavía más específica en cuanto a las características compartidas, etcétera.

- El género se escribe primero y con mayúscula.
- La especie viene a continuación.
- Tanto el género como la especie se escriben en cursiva. Así pues, el alelí amarillo, representado a la derecha, es *Erysimum cheiri*.
- La subespecie se cita a continuación, del siguiente modo: ssp. *nombre*, como en *Erysimum cancidum* ssp. *carpathum*.
- La variedad figura así: var. *nombre*, como en *Erysimum capitatum* var. *purshii*.
- La forma consta según la especie de esta manera: f. *nombre*, como en *Erysimum amurense* f. *flavum*.
- La cultivar (la variedad cultivada) se hace constar entre comillas, tipografía redonda y la primera letra con mayúscula, como en *Erysimum* «Bowles's Mauve».
- Los híbridos se indican añadiendo una × (el signo de multiplicación, no la letra) entre el nombre de género y el epíteto de la especie, como en *Erysimum* × *marshallii*.

Erysimum cheiri

Un árbol para un árbol (y otras plantas)

La taxonomía de las plantas es la ciencia que se ocupa de la identificación, la descripción, la clasificación y la denominación de las plantas. Existen siete categorías principales de clasificación de las plantas, en orden descendente de características compartidas. Los grupos también pueden representarse mediante árboles genealógicos de plantas, o árboles filogenéticos. Estos cuatro ejemplos muestran cómo se clasifican los miembros del reino vegetal y las principales diferencias entre ellos.

Guisante: *Pisum sativum*
Reino: plantas
División: embriófitos
Clase: angiospermas (plantas con flores)
Orden: fabales
Familia: fabáceas (leguminosas)
Género: *Pisum*
Especie: *sativum*

Musgo de turbera: *Sphagnum capillifolium*
Reino: plantas
División: briófitos (musgos y plantas hepáticas)
Clase: esfágnidas (musgos)
Orden: esfagnos
Familia: esfagnáceas
Género: *Spaghnum*
Especie: *capillifolium*

Helecho arbóreo de Tasmania: *Dicksonia antarctica*
Reino: plantas
División: polipodiófitos (helechos)
Clase: polipodiópsidos (plantas vasculares)
Orden: ciateales
Familia: diksoniáceas
Género: *Dicksonia*
Especie: *antarctica*

Secuoya roja: *Sequoia sempervirens*
Reino: plantas
División: pinófitos (coníferas)
Clase: pinópsidos
Orden: pinales
Familia: cupresáceas
Género: *Sequoia*
Especie: *sempervirens*

Sequoiadendron giganteum

Plantas de otro mundo

Begonia darthvaderiana: las oscurísimas hojas de esta planta tropical, descubierta en 2013 en Borneo occidental, en Indonesia, inspiraron a C. W. Lin y C. I. Peng a recurrir al lado oscuro para ponerle nombre.

Mandevilla sherlockii: una nueva especie de trepadora ornamental, descubierta en México en 2017 y bautizada en honor al gran detective de ficción Sherlock Holmes, ya que buena parte del trabajo taxonómico requirió un enorme esfuerzo detectivesco.

Stelis oscargrouchii: una pequeña y delicada orquídea, hallada en Ecuador en 2015, un lugar muy alejado de Barrio Sésamo, donde un títere verde llamado Oscar the Grouch (Óscar el Gruñón) vive dentro de un cubo de basura y canta «I Love Trash».

Dracula smaug: una orquídea encontrada en Ecuador en 2015. El nombre «Dracula» no hace ninguna referencia a los vampiros, sino que significa «pequeño dragón». «Smaug» se refiere al dragón de ficción de la Tierra Media de la trilogía *El Señor de los Anillos*, de J. R. R. Tolkien. Por lo tanto, esta orquídea es un dragón por partida doble.

La vida ajetreada de las hojas

¿Quién desearía ser hoja?

Las hojas no tienen una existencia plácida. Su trabajo consiste en llevar el alimento a casa —o su equivalente para las plantas—, y eso significa llevar a cabo la fotosíntesis: absorber dióxido de carbono y luz solar, combinarlo con agua a través de las raíces y convertirlo en glucosa, emitiendo oxígeno como producto residual. Es un importante acto de equilibrio que implica hacer todo esto mientras se mantiene la capacidad de controlar la entrada de calor y la pérdida de agua, además de minimizar el riesgo de congelación. Las hojas realizan múltiples tareas simultáneamente (véase el apartado «Adaptaciones…» en la página siguiente), vitales para la salud del ejemplar, independientemente del tipo de planta o del lugar donde viva.

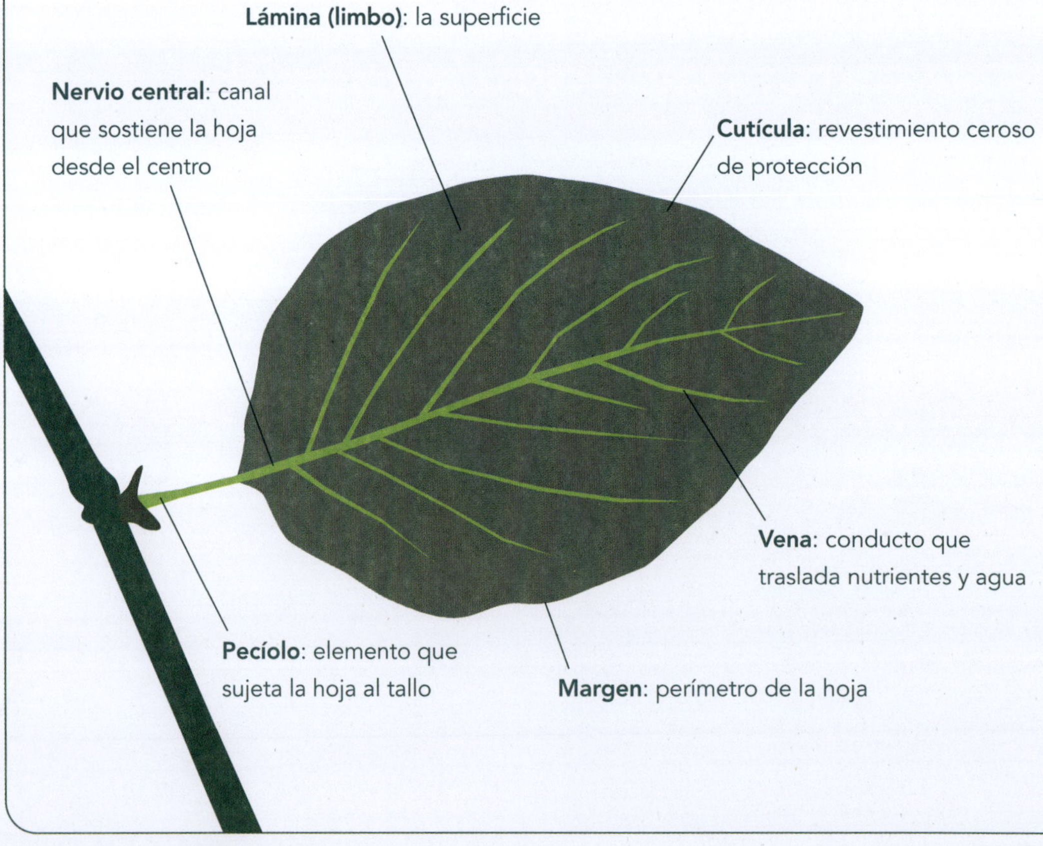

Adaptaciones para una vida más fácil

- Plantas como los cactus reducen la pérdida de agua cerrando los estomas (poros de la superficie de la hoja) durante el día. Los poros se abren por la noche para permitir el intercambio de gases.
- Las hojas de las selvas tropicales suelen ser grandes y anchas, ya que compiten con muchas otras plantas por la luz solar y necesitan mucha superficie para transpirar (evaporarse) y mantenerse frescas.
- El ancho de la hoja suele ser más estrecho en climas secos para reducir la superficie y minimizar la pérdida de agua.
- En climas alpinos, las hojas son compactas y pequeñas, lo que reduce los daños causados por las heladas.
- Las hojas en forma de aguja limitan la pérdida de agua, lo que permite a árboles y plantas crecer en condiciones de sequía.
- Las hojas grandes y anchas son menos comunes en zonas costeras o expuestas, ya que son más propensas a sufrir daños por el viento.
- Las hojas en forma de aguja se han adaptado al frío volviéndose gruesas, limitando la superficie y desarrollando un revestimiento de una sustancia cerosa que repele la humedad.

Cambio de forma con vistas al futuro

La dodonea (*Dodonaea viscosa*) es originaria de Australia. Los aborígenes australianos la utilizaban tradicionalmente para tratar el dolor de muelas, los cortes y las picaduras de raya, y los primeros colonos europeos la empleaban para elaborar cerveza. Se ha extendido por buena parte de las regiones cálidas del planeta y, en Australia, se estudia por su capacidad para modificar la forma de sus hojas según el entorno. Para adaptarse a climas más cálidos y secos, las hojas se vuelven más estrechas. Todo se hace para sobrevivir, y esta capacidad de adaptación ayudará a las plantas a reaccionar ante el cambio climático.

Trithrinax brasiliensis, una palmera tropical de hojas grandes y anchas

Formas y estructuras de las hojas

Dignos de récord

La hoja más grande de la que se tiene constancia es de una *Victoria boliviana*, de la familia de los nenúfares, que medía 3,2 m de diámetro. La más pequeña pertenece al género de las plantas acuáticas (*Wolffia*), donde cada hoja mide menos de 1 mm de longitud.

Victoria regia, uno de los tipos de nenúfares más grandes.

¿Quién ha sido? Plantas venenosas

¡No la toquéis!

El yimpi yimpi, o el aguijón del suicidio (*Dendrocnide moroides*), crece en la selva costera de Queensland. El arbusto, que normalmente alcanza una altura de 3 metros, está cubierto de unos pelillos minúsculos y afilados, huecos por dentro y cargados de compuestos químicos irritantes. Al tocar uno de estos pelos, la punta se rompe e inyecta un veneno que causa quemaduras graves y un escozor que puede durar días, por no decir meses. El dolor es insoportable, y un investigador que lo sufrió lo comparó con «quemarse con ácido caliente y electrocutarse al mismo tiempo». No se conoce ningún antídoto (aunque se pueden reducir los efectos si se intenta extraer los pelos de la piel). El arbusto parece engañosamente común, con hojas grandes en forma de corazón y frutos rosados parecidos a las moras. Son comestibles, pero, al estar cubiertos de pelos, no sorprende que no tengan mucha aceptación.

Una bella asesina

La belladona, también conocida como tabaco loco (*Atropa belladonna*), se ha utilizado desde hace siglos como medicina, cosmético y veneno. El famoso botánico Carl von Linné lo sabía bien cuando la mencionó en su *Species Plantarum* de 1753. Átropos era la mayor de las tres moiras de la mitología griega, la deidad femenina que decidía cuándo morían los mortales. Y, como indica el nombre de la planta, alude a la costumbre que tenían las mujeres, durante el Renacimiento, de usar el jugo de sus bayas, en forma de gotas para los ojos, para dilatarse las pupilas con el fin de parecer más atractivas. Por cierto, también se dice que la belladona ayuda a las brujas a volar.

Atropa belladonna

Hombre lobo

«Incluso el hombre puro de corazón, que reza sus oraciones por la noche, puede convertirse en lobo cuando la maldición se manifiesta y la luna es llena y brillante».

Esto lo escribió Curt Siodmak, director de películas de terror y guionista de la legendaria *The Wolf Man*. "Maldición del lobo" es otro nombre en inglés para el acónito. En el siglo XVIII se utilizaba para envenenar lobos, y luego se mezcló con la cultura popular sobre el hombre lobo. Se decía que el acónito podía provocar que una persona se convirtiera en hombre lobo (durante una luna llena, como se menciona más arriba), o que podía usarse para debilitarlos. En la Edad Media, se recetaba a pacientes que sufrían licantropía, es decir, el delirio de creerse un lobo, a veces con resultados fatales.

Aconitum napellus

Un parterre de asesinos

Las armas utilizadas en asesinatos por la famosa escritora de novelas de detectives Agatha Christie a menudo nos conducen al lugar más bucólico: el jardín. Le apasionaba la jardinería y conocía las plantas venenosas, incluso aquellas que no lo parecían tanto. Al fin y al cabo, durante la Primera Guerra Mundial se formó como ayudante de boticario. Está el cianuro, que se obtenía del hueso del melocotón, del albaricoque y de otros miembros del género *Prunus*. Está el tejo, cuyo sabor amargo se disimulaba en el lugar más inverosímil: un tarro de mermelada, en *Un puñado de centeno*. La digitalina, un veneno producido por la dedalera, fue el arma letal en cuatro libros. «El principio activo de la *Digitalis* puede arrebatar la vida sin dejar ningún rastro apreciable», observa el doctor Gérard en *Cita con la muerte*. Otros incluyen una dosis letal de coniína (extraída de la cicuta, *Conium maculatum*), de extractos de jazmín amarillo (*Gelsemium sempervirens*) y de acónito a partir de raíces de acónito (*Aconitum*). El jardín de repente parece de lo más culpable.

Otras preciosidades venenosas

- Lirio de los valles (*Convallaria majalis*)
- Altramuz (*Lupinus albus*)
- Narciso (género *Narcissus*)
- Lluvia de oro (*Laburnum anagyroides*)
- Adelfa (*Nerium oleander*)
- Ricino (*Ricinus communis*)

Frutos (y plantas) prohibidos

Anti-antípodas

Cactus
Más de dos docenas de variedades, entre ellas la chumbera, están prohibidas por ser plantas invasoras en algunos estados de Australia, como Queensland, Nueva Gales del Sur y Victoria. Los cactus no son nativos de Australia.

Fruta de la pasión banana
La *Passiflora tripartita* es una agresiva planta trepadora, con flores tubulares de color rosado, que se considera tóxica en algunas regiones del mundo donde no es nativa.

Diablos, ¡no!

Ailanto
El *Ailanthus altissima*, conocido comúnmente como «ailanto», «árbol del cielo», o «árbol del infierno» en otros países, es originario de China y está prohibido en la Unión Europea, Gran Bretaña e Irlanda del Norte (y figura en listas de árboles no deseados en muchos estados de los Estados Unidos) debido a su carácter altamente invasivo.

Prohibidos en los Estados Unidos

Lirio amarillo
El *Iris pseudacorus* ha sido calificado como una planta «lamentablemente atractiva» (y resistente), y está prohibido o incluido en listas de plantas tóxicas o especies en cuarentena en Connecticut, Massachusetts, Nuevo Hampshire, Montana, Oregón y Washington.

Olivo y moral blanco
La *Olea europaea* y la *Morus alba*, ambos árboles frutales, están prohibidos en Las Vegas desde 1991 debido a que su abundante liberación de polen provoca graves síntomas de alergia.

Aligustre
El *Ligustrum vulgare*, la típica planta de seto, está considerada una plaga invasora en muchos estados, entre ellos Maine, donde figura en la lista de plantas que «no deben comercializarse», y Tennessee, donde es ilegal venderla.

Opuntia spp.

Ailanthus altissima

Olea europaea

Ligustrum vulgare

Ramos de flores

El lenguaje o simbolismo de las flores

Siempre se ha creído que ciertas plantas representan un sentimiento determinado (los antiguos griegos, por ejemplo, llevaban coronas de laurel como símbolo de victoria), pero fueron los victorianos quienes lo convirtieron casi en una obsesión. El «simbolismo secreto de las flores», también conocido como el lenguaje de las flores, se convirtió en un código hortícola para comunicar distintos sentimientos y emociones. Se utilizaban pequeños ramos para transmitir este código Morse de pétalos, conocidos en inglés como *tussie-mussies*: *tussie* significa «ramo de flores» y *mussie* aludía al musgo con el que se envolvían los tallos para mantenerlos frescos. El «simbolismo» original, que apareció en libros en Francia e Inglaterra a lo largo de la primera década del siglo XIX, se ha ido ampliando con el paso del tiempo, sobre todo por floristas ansiosos por vender ramos para todas y cada una de las ocasiones.

Significados ocultos

Lo primero que hay que decir es que una flor puede significar muchas cosas, dependiendo de la fuente que se consulte. Por ejemplo, el significado de la hortensia ha sido visto principalmente como negativo, en concreto como símbolo de fanfarronería, arrogancia, frialdad y crueldad, pero también se considera que comunica gratitud y reconocimiento. Al parecer, los significados giran, en algunos casos, en torno al aspecto, como por ejemplo una col, que recuerda (más o menos) a un fajo de billetes y, por lo tanto, representa el «dinero»; o una nuez, que al parecerse al cerebro humano simboliza la «inteligencia». Pero los significados también provienen del folclore, de los mitos, de las propiedades medicinales o de cualquier otra fuente. Los narcisos, cuyo nombre procede del latín *Narcissus*, nunca traerán nada bueno, ya que representan el «egoísmo». Se tiene constancia de que las mujeres que querían provocarse un aborto usaban poleo, ruda y tanaceto, cuyos significados son respectivamente «abandono», «desdén» y «enemistad». Luego hay algunos misterios, como el significado de las piñas tropicales, que siempre se han visto como símbolo de hospitalidad, pero que también se reinterpretan como la «perfección en persona».

Dilo con un ramo

- **Narciso** (*Narcissus*): egolatría
- **Geranio escarlata** (*Pelargonium*): estupidez
- **Cempoal** (*Tagetes*): pena, desesperación

SIGNIFICADO DEL RAMO:
«Tu egolatría y estupidez me dan lástima»

- **Velloritas** (*Bellis perennis*): inocencia
- **Erísimo** (*Erysimum*): fidelidad en la desgracia
- **Tulipán** (*Tulipa*): declaración de amor

SIGNIFICADO DEL RAMO:
«Tu inocencia y fidelidad en la desgracia me han llevado a declarar mi amor por ti»

- **Capullo de rosa** (*Rosa*): chica
- **Lirio amarillo** (*Lilium*): majestad
- **Lila** (*Syringa*): primeras emociones del amor

SIGNIFICADO DEL RAMO:
«Confieso que tu majestuosa belleza ha despertado mi primera emoción de amor»

Una rosa es una rosa

Los tres tipos

Rosas silvestres

También llamadas «escaramujos», las rosas silvestres se cultivaron por primera vez en China hace 5.000 años. La mayoría tienen cinco pétalos, florecen una vez al año y son fragantes, con tallos espinosos y escaramujos (si no se han marchitado). Entre los diferentes tipos se encuentran: *Rosa canina*, *Rosa arvensis*, *Rosa moyesii*, *Rosa rubiginosa*, *Rosa carolina*, *Rosa palustris* y *Rosa persica*.

Rosa carolina ssp. *carolina*

Rosa campanulata alba

Rosas de jardín de toda la vida

También llamadas reliquias de familia, antiguas o históricas. Este tipo de rosas se conocen desde antes de 1867, que es cuando se introdujo la *Rosa* «La France», considerada la primera híbrida de té (véase la página 32). Entre los diferentes tipos se encuentran: rosal de Francia (*Rosa gallica*), rosa de Damasco (*Rosa × damascena*), rosa de Provenza (*Rosa × centifolia*), híbrida perpetua, híbrida de té.

Rosa lamotte sanguin

Rosas de jardín modernas

Muchas rosas modernas tienen como antepasadas las rosas de jardín de toda la vida, pero se originaron después de 1867. Las modernas presentan una amplia gama de características en cuanto a las flores, como flores dobles en ramilletes arbustivos, trepadoras y como cobertura del suelo. Los dos grupos principales son la híbrida de té (la rosa de «tallo largo» común hoy en día) y la floribunda (de flores más pequeñas en grandes ramilletes de diez o más ejemplares)

La rosa más antigua

La primera especie de rosa que se describió científicamente fue un fósil de rosa silvestre hallado en los Florissant Fossil Beds de Colorado. Se trata de un yacimiento fósil muy rico, actualmente Monumento Nacional de los Estados Unidos, situado en una zona que sufrió erupciones volcánicas hace 34 millones de años. El Estudio Geológico de Hayden de los Estados Unidos y la Expedición Científica de Princeton realizaron un reconocimiento de la zona en 1877 y recolectaron fósiles. Una de las muestras, que incluye un tallo y hojas de rosal, fue denominada *Rosa hilliae*, gracias al pionero paleobotánico Charles Léo Lesquereux. El nombre honra a Charlotte Hill, colona pionera, naturalista y coleccionista aficionada de fósiles, que vivía en el rancho Petrified Stump, cerca del yacimiento. Esta mujer construyó un pequeño museo y acogió a muchos científicos, a quienes en ocasiones obsequiaba parte de su colección.

La rosa moderna

La rosa «La France», cuando fue introducida en 1867 por el experto francés en hibridación de rosas Jean-Baptiste André Guillot (1827-1893), marcó un hito en el mundo de las rosas. A partir de entonces, todas las anteriores se clasificaron como silvestres o de «jardín de toda la vida». Todas las rosas introducidas después pasaron a considerarse «modernas». Esta clasificación se mantiene hasta hoy, por lo que es posible que vuestras rosas «modernas» no sean tan modernas. Lo que hizo especial a «La France» es que se la considera la primera rosa híbrida de té, con sus flores únicas en forma de tetera y tallo largo. Su linaje es objeto de debate, pero comúnmente se dice que fue el resultado de dos «madames»: una híbrida perpetua llamada «Madame Victor Verdier» y una rosa de té, «Madame Bravy». Otra posible progenitora que a veces se menciona es «Madame Falcot». En fin, es una rosa excepcionalmente hermosa, con elegantes pétalos rosados con un matiz plateado y un perfume intenso y penetrante.

Rosa «La France»

Agua de rosas para beber o rociar

- Usamos pétalos fragantes de rosas cultivadas de jardín (sin pesticidas ni tintes).
- Los lavamos y colocamos en un cazo.
- Añadimos la suficiente agua para cubrirlas.
- Las cocemos a fuego lento y luego bajamos aún más el fuego (para que no llegue a hervir).
- Mantenemos la cocción hasta que los pétalos pierdan la mayor parte del color.
- Retiramos el corazón de la flor y escurrimos los pétalos exprimiéndolos bien.
- Vertemos el jugo en un frasco de vidrio o en una botella con pulverizador, y lo guardamos en la nevera.

Con amor

¿Por qué las rosas, de entre todas las flores, se asocian con el amor eterno? Probablemente se deba a Afrodita, la diosa griega del amor y la belleza. Amaba a su apuesto amante mortal, Adonis, y cuenta la leyenda que, al enterarse de un complot para asesinarlo, corrió a advertirle y, al hacerlo, se arañó los tobillos. Su sangre tiñó de rojo los pétalos blancos. Por eso, una rosa roja ha simbolizado desde siempre el amor y la devoción. Tristemente, no llegó a tiempo para salvarlo, ya que un jabalí salvaje lo había destripado.

La rosa de China

Las rosas se cultivan en China desde hace milenios, con antiguos jardines dedicados exclusivamente a variedades silvestres. No se sabe con exactitud cuándo apareció la rosa de China (*Rosa chinensis*) en los jardines, pero se la representó artísticamente por primera vez en el siglo X. Fue introducida en Europa a finales del siglo XVIII, como tantas otras flores procedentes de China. Las rosas de China fueron muy bien recibidas por su floración repetida, una característica poco común en las rosas hasta entonces. También mostraban una evolución del color sorprendente, ya que solían oscurecerse con el tiempo. La mayoría de las rosas anteriores simplemente se marchitaban; ahora había toda una nueva paleta de coloraciones.

«Entre todas las flores, creo que una rosa es la mejor».

William Shakespeare y John Fletcher, *Los dos nobles caballeros* (1643)

Un mundo de bulbos

Categoría «bulbo»: ¿quién entra?

Un **bulbo auténtico** tiene una serie de anillos, denominados escamas, que son hojas modificadas utilizadas para almacenar alimento durante los periodos de letargo. Tienen una «placa basal» y, a menudo, una cáscara fina como el papel. Forman una nueva capa cada año. Ejemplos: cebollas, ajos, narcisos, tulipanes.

Un **cormo** tiene un aspecto similar a un bulbo, pero no tiene anillos o escamas; en su lugar, está formado por una sola pieza de tejido del tallo que almacena nutrientes. Con cada floración, el cormo se consume y se forma uno nuevo encima del anterior como recambio. Ejemplos: azafranes, fresias, gladiolos, nardos, plátanos.

Un **rizoma** es un tallo subterráneo, hinchado, que almacena nutrientes. Crece horizontalmente cerca de la superficie del suelo. Ejemplos: cañas y muchos iris.

Un **tubérculo** es un tallo o una raíz hinchada que almacena alimento. Los brotes se desarrollan a partir de yemas y se pueden obtener diferentes plantas a partir de un solo tubérculo. Ejemplos: dalias, ciclámenes, begonias tuberosas y patatas, que son tubérculos con tallo.

La tulipa que lo conquistó todo

Su nombre es *Tulipa* «Semper Augustus», o tulipán siempre venerado, y sus sublimes pétalos son de un blanco lechoso con magníficas vetas jaspeadas de color carmesí. Se considera el tulipán más famoso de la historia, y si se tiene en cuenta que esta historia está ligada a la locura de la compra de bulbos, *Tulpenwoerde*, o tulipomanía, en los Países Bajos a principios del siglo XVII, merece mucha atención. Su historia en particular, al igual que el contexto general, es una fábula moral fascinante, además de una historia de codicia. Ocurrió en una época en que los nuevos ricos holandeses (la edad dorada del país) mostraban un deseo insaciable por poseer tulipanes, cultivarlos y exhibirlos, y cuanto más inusuales, mejor. Los tulipanes más raros y sorprendentes eran los llamados «tulipanes rotos», con pétalos coloreados como llamas. Nadie entendía qué causaba ese «quebramiento» en la coloración, y los cultivadores ideaban todo tipo de trucos (entre ellos, verter pinturas en la tierra) para conseguirlos.

No se sabe quién cultivó la primera Semper Augustus, pero su belleza única era indiscutible, y su espléndida calidad se reflejaba tanto en los catálogos como en las pinturas de naturalezas muertas, que estaban muy de moda. En Ámsterdam, en el Museo del Tulipán, se relata que en 1633 un bulbo se vendió por 5.500 florines (más del triple de las ganancias anuales de un comerciante) y que, entre 1636 y 1637, se ofrecieron hasta 10.000 florines (suficiente para comprar una casa bastante grande en la ciudad). Evidentemente, la burbuja de los tulipanes estalló, pero en el caso de la Semper Augustus hubo un giro adicional. Ahora sabemos que el «virus del quebramiento del tulipán» era la causa de sus preciosos pétalos: la enfermedad genera esos dibujos maravillosos, pero también debilita el bulbo y toda su descendencia hasta que deja de florecer. Por eso ya no quedan tulipanes Semper Augustus: lo que los hacía especiales fue lo que los destruyó. Los cultivadores han intentado recrear su belleza, pero hasta ahora sin éxito. El prestigio y el elevado precio de esta flor quizá hace tiempo que desaparecieron; sin embargo, pintada hace tantos años, todavía conserva su magia.

Tulipa
«Semper Augustus»

La buena suerte de un viajero de grandes distancias

El bulbo del narciso de manojo, conocida en inglés como «lirio sagrado chino», ni es de China ni es un lirio. En realidad, se trata de un narciso: concretamente el *Narcissus tazetta orientalis*, pequeño y de pétalos perfumados de color blanco, con un centro de la corola de un amarillo dorado. Muy apreciado en China, es una parte esencial de las celebraciones del Año Nuevo Lunar. Este pequeño bulbo tiene detrás un viaje bastante impresionante. No es originario de China, sino de la cuenca mediterránea y del Asia occidental, y prefiere los climas cálidos. Ha sido representado en una antigua tumba egipcia, y muchos creen que podría haber sido la «rosa de Sarón» mencionada en el Cantar de los Cantares de la Biblia. Nadie sabe con certeza cómo llegó a China: una teoría sostiene que lo hizo por barco, mientras que otra, más romántica, afirma que llegó con una caravana de camellos tras recorrer 6.500 km por la Ruta de la Seda. Sea como fuere, ya se cultivaba a gran escala al inicio de la dinastía Song (960 d. C.). Los bulbos, que florecen bastante pronto para coincidir con la variable ventana temporal del inicio del año, no han dejado de ganar popularidad en China. Incluso los obreros chinos los llevaron consigo durante la fiebre del oro de la década de 1850, por lo que acabaron en el Lejano Oeste estadounidense, donde todavía hoy se pueden encontrar en flor. Los bulbos, que se pueden cultivar en una maceta poco profunda con grava, se cuidan con esmero para que florezcan justo para el Año Nuevo Chino. Se dice que traen riqueza extra y buena suerte durante todo el año.

N. tazetta orientalis

Naturalización de bulbos

1. Esparcimos los bulbos al azar sobre la superficie y los dejamos donde hayan caído, procurando que no queden demasiado cerca unos de otros.
2. Hacemos agujeros para plantarlos con una azadilla o un plantador de bulbos, con una profundidad tres veces mayor que la altura del bulbo.
3. Rompemos los terrones de tierra extraída con la azadilla o el plantador, y usamos esa misma tierra para volver a rellenar el agujero donde colocamos el bulbo.
4. Aplanamos el terreno para obtener una superficie uniforme.
5. Esperamos mientras cambian las estaciones.

Lasaña de bulbos

La idea detrás de la llamada lasaña de bulbos es lograr un plantel que ofrezca una serie de floraciones diferentes durante semanas consecutivas. Cuanto más grande sea el bulbo, más profundamente debe plantarse, y debe hacerse en capas, dentro del parterre, siguiendo este principio. Las flores pueden empezar a brotar a comienzos de la primavera con las campanillas de invierno (*Galanthus*), luego los narcisos, a continuación los tulipanes y, más tarde, los ajos silvestres. Las distintas variedades de un mismo tipo de bulbo, como los narcisos o los tulipanes, florecen en momentos diferentes, y así es como se consigue una "lasaña" de narcisos o de tulipanes.

Ilustraciones botánicas

Ojo por el detalle

La ilustración botánica es una fusión entre ciencia y arte, y antes de la fotografía era la única manera de representar la anatomía de las plantas. Los dibujos y pinturas, realizados a partir de especímenes de herbario o plantas vivas, eran mucho más que retratos hortícolas. Las representaciones con un enfoque más científico ilustran un ciclo de vida completo, además del hábitat natural y algunas disecciones. Muchas están en blanco y negro, tanto por motivos de ahorro como porque permiten destacar detalles intrincados que el color podría distorsionar. Con una finalidad más artística están las acuarelas, que, aunque científicamente precisas, ponen el acento en el valor estético de una flor o planta, sin incluir toda la información sobre su ciclo vital.

El «Rafael de las flores»

Pierre-Joseph Redouté es el artista botánico más famoso de todos los tiempos. Nacido en la actual Bélgica en 1759, salió a explorar el mundo con tan solo trece años, visitando museos y trabajando como artista a destajo. Fue entonces cuando se enamoró de la pintura floral. En 1782 se trasladó a París para reunirse con su hermano, que trabajaba como escenógrafo. Se convirtió en visitante habitual del Jardín de Plantas (entonces conocido como el Jardin du Roi), y pronto comenzó a ilustrar prestigiosas publicaciones botánicas.

Políticamente, supo adaptarse con habilidad a los cambios de régimen. Fue tutor de arte de María Antonieta y pintor y delineante del Gabinete de la Reina. Después de la Revolución Francesa, se convirtió en protegido de la emperatriz Josefina Bonaparte, quien le encargó pintar flores.

El cronista François-Joseph Grille lo describió en su mejor momento con estas palabras: «De cuerpo rechoncho, extremidades como las de un elefante, cabeza tan grande y plana como un queso holandés, labios carnosos, voz cavernosa, dedos nudosos, mirada repulsiva y, bajo la piel, un sentido del tacto extraordinariamente delicado, un gusto exquisito, una profunda vocación por el arte, una sensibilidad refinada, una nobleza de carácter y la perseverancia necesaria para llegar a ser un genio: así era Redouté, que tenía a todas las mujeres bellas de París como alumnas».

Redouté realizó más de 2.000 pinturas de más de 1.800 especies. Fue proclamado el «Rafael de las flores» y, en 1819, colgaron un retrato suyo en el Louvre. Los últimos veinte años de su vida los pasó en la pobreza. Murió en 1840 y su obra jamás ha pasado de moda.

Rosa × damascena

¡Ay, girasol!

Devoto seguidor

El mito griego que se asocia al girasol a menudo se considera una historia de amor, aunque sea un aspecto bastante secundario. La ninfa de agua Clitia se enamoró perdidamente de Helios, el dios solar (Helianthus es el nombre en latín del girasol), y se pasaba todo el tiempo mirándolo con adoración. A él, eso ya le estuvo bien durante un tiempo, pero enseguida se encaprichó de otra ninfa. Entonces Clitia mostró una total falta de juicio al querer vengarse contando al padre de la ninfa todo el asunto. Y el hombre hizo enterrar viva inmediatamente a su hija. Con eso, Helios, a su vez, se vengó convirtiendo a Clitia en una flor que le mostrara su devoción inmutable mirándolo sin cesar a lo largo de todo el día. El mito tiene muchas versiones. En el relato original, transformaba a Clitia en un heliotropo, pero en glosas posteriores (y en la versión más conocida hoy en día) la flor acabó siendo un girasol. Y resulta que los girasoles jóvenes sí que miran al sol durante todo el día..

Estas flores increíbles...

- Las cultivaron hace más de 5.000 años los pueblos indígenas americanos.
- Los incas y los aztecas las consideraban un símbolo de los dioses solares.
- Se utilizaron en operaciones de limpieza tanto en Chernóbil como en Fukushima para eliminar elementos tóxicos del suelo.
- Pueden emplearse para producir biocombustible mezclando su aceite con diésel.
- Se utilizan para elaborar aceite de girasol, y más del 50 % de la producción mundial proviene de Ucrania y Rusia. La guerra en Ucrania ha provocado su escasez.

Recolectar y tostar

Recolectamos las semillas después de dejar la flor en el tallo al menos dos semanas. Una vez que los pétalos se hayan marchitado, cortamos la flor y la guardamos en un lugar cálido y seco durante otra semana más. A continuación, colocamos la flor sobre un trozo grande de papel y la frotamos encima: las semillas caerán fácilmente sobre el papel.

Si queremos que las semillas tostadas estén saladitas, llevamos a ebullición las semillas con cáscara en agua salada, luego bajamos el fuego para que no lleguen a hervir durante unos quince minutos. Las esparcimos sobre una bandeja en una sola capa y las tostamos en el horno precalentado entre 180 y 200 °C, durante 10 o 20 minutos.

Helianthus
annuus

Plantas extrañas y maravillosas

Un parásito con una gran peculiaridad

La flor más grande del mundo, *Rafflesia arnoldii*, o flor cadáver, causa sensación, al menos según cómo se mire. Las flores miden entre 60 y 90 cm de ancho y desprenden un hedor parecido al de la carne podrida. Sus cinco pétalos también recuerdan un poco a la carne en mal estado (de un rojo anaranjado con puntos blanquecinos). Es parasitaria y permanece oculta la mayor parte de su vida dentro del *Tetrastigma voinierianum* en las selvas de Borneo y Sumatra, mientras absorbe agua y nutrientes del huésped. El capullo, de un rojo sangre, aparece fuera de la planta trepadora y tarda casi un año en crecer, antes de abrirse de repente con todo su apestoso esplendor durante tan solo unos pocos días.

Rafflesia arnoldii

La planta que no muere

A primera vista, la planta de crecimiento lento *Welwitschia mirabilis*, que solo se encuentra en el desierto del Namib, en la costa occidental del sur de África, parece estar muriéndose, con sus hojas verdes rodeadas por una alfombra de hojas marchitas y marrones. Pero está perfectamente viva, y lo ha estado durante una media de entre 500 y 600 años (según dataciones por carbono), aunque se cree que algunos ejemplares tienen 2.000 años. Sin embargo, como reliquia del período jurásico, es una gimnosperma con dos hojas permanentes, anchas y en forma de cinta, que nunca se caen pero que no dejan de dividirse. Sobrevive absorbiendo agua del rocío marino y de los acuíferos profundos. En Angola se la conoce como *n'tumbo* y en afrikáans como *tweeblaarkanniedood*, que significa «dos hojas que no pueden morir». La semilla, de forma cónica, se puede comer cruda, cocida o tostada, mientras que la fauna —entre la que se encuentran el órice y el rinoceronte— mastica sus hojas para obtener agua.

Nada de publicidad, por favor

Los *Lithops*, también conocidos como «plantas piedra», son famosos a su pesar. Sobreviven en las regiones más secas del sur de África y de Namibia procurando pasar desapercibidos (a menudo están parcialmente enterrados) y manteniéndose diminutos. Cada planta está formada por dos hojas suculentas, unidas en forma de conos invertidos que parecen guijarros. Las hojas almacenan suficiente agua para sobrevivir durante meses sin lluvia, y la parte superior de las hojas es parcialmente translúcida, lo que ofrece una «ventana» para que se lleve a cabo la fotosíntesis. La flor, similar a una margarita, aparece una vez al año entre las dos «piedras»; así, durante un breve período, la planta es muy visible.

Amorphophallus titanum

Mmm... ¿a qué huele?

- El *Cercidiphyllum japonicum*, o katsura, es un árbol que en otoño desprende un olor a manzanas caramelizadas y caramelo.
- La *Helichrysum italicum*, o siempreviva, huele a curri en polvo.
- La *Agastache foeniculum*, o hisopo de anís, huele a regaliz.
- La *Azara microphylla*, o roblecillo, es un árbol de hoja perenne, originario de Chile, cuyas flores huelen a vainilla.

Puf... ¡qué peste!

- El *Amorphophallus titanum* (que significa «pene deforme y gigante»), también conocido como aro gigante, desprende un hedor a carne podrida.
- El *Pyrus calleryana* «Bradford» es un peral cuyas flores, dicen, huelen a pescado muerto.
- El árbol hembra *Ginkgo biloba* emite en otoño un olor que recuerda a mantequilla rancia o a vómito.
- La planta *Lysichiton americanus*, originaria del noroeste de la costa del Pacífico americano, recibe el nombre común de «col de mofeta amarilla» por una buena razón.

Pyrus × serrulata

Capítulo 2

Horticultura curiosa

«¡Curioso y más que curioso!», exclamó Alicia en el país de las maravillas de Lewis Carroll. Muchos de nosotros nos sentimos así en cuanto a las maravillas de nuestro jardín. En este capítulo os hartaréis de encontrar curiosidades de la horticultura, con su mezcla de cosas prácticas, fantásticas, históricas e inspiradoras.

Estilo de jardín

Formal

La estructura de un jardín de estilo formal se basa principalmente en líneas rectas o formas geométricas lineales. Los jardines formales se caracterizan por su simetría, setos y paleta de colores apagados. Buscan transmitir control, orden, buen mantenimiento, calma y serenidad.

Romano

- Jardín en patio interior, o vivero, con distribución geométrica.
- Setos bajos, a menudo con flores, además de rosales, cítricos y arbustos podados según el arte topiario.
- Hay elementos adicionales como estatuas y elementos de agua, entre los cuales una fuente central.

Persa/islámico

- Dividido en cuatro sectores iguales (que representan el cielo, la tierra, el agua y las plantas) mediante canalillos. Aunque esto pueda parecer sencillo, estos jardines suelen ser intrincados.
- Adaptados a la estructura islámica del *chahar bagh* (cuadrilátero) con agua/mosaicos/azulejos/ornamentación.
- Hay un elemento de agua, o *chadar*, con toboganes que conectan con estanques.

Mogol

- Influenciado por jardines persas e islámicos.
- Dividido en cuatro partes, separadas por canalillos.
- Lugares de descanso y reflexión, recordatorio del paraíso.

Monacal

- Distribución medieval y geométrica, con parterres delimitados por cercas.
- Hay jardines medicinales con hierbas curativas en parterres compartimentados.
- También hay arriates de flores, verduras, hortalizas y alambradas.

Nudo

- Isabelino, con setos bajos que forman trazados intrincados llenos de curvas, recordando nudos.
- De estructura simétrica y ordenada.
- Parterres llenos de flores perennes o de grava de colores.
- Existen muchas adaptaciones, entre ellas el *parterre de broderie* francés, utilizado en espacios reducidos modernos.

Barroco

- Patrocinados en Francia por Luis XIV y el paisajista André Le Nôtre.
- Desmesurado y geométrico, con largas avenidas, grandes perspectivas y varios elementos de agua.

El *Parterre* del palacio de Versalles, Francia

Informal

Los jardines informales presentan líneas curvas en las zonas de delimitación y en los senderos para transmitir una sensación de fluidez, sin ningún eje central. A menudo tratan de imitar los paisajes naturales, evocando calma y conexión con la naturaleza.

Chino

- Un estilo de naturaleza idealizada que ha evolucionado a lo largo de miles de años.
- Senderos sinuosos y puentes sobre estanques.
- Con estanques, formaciones rocosas, árboles y flores, además de distintos pabellones.

Japonés

- Diseñado para resaltar el paisaje natural.
- Musgos, grava, rocas, agua y distribución armoniosa de las plantas.
- A menudo pensado para disfrutar de vistas concretas.

De paisaje inglés

- Movimiento del siglo XVIII para romper con el formalismo.
- Ambicioso sometimiento de la naturaleza con paisajes pintorescos.
- Vistas de praderas ondulantes, ríos y árboles.
- Su defensor más conocido es el paisajista inglés Capability Brown (véase la página 180).

Campestre

- Jardines pequeños junto a la casa de los trabajadores del campo.
- Mezcla de hierbas, árboles frutales y flores ornamentales.
- Con versiones inglesa o francesa, donde el jardín de Giverny de Monet es un ejemplo típico.

Prado/Pradera/Seco/Nativo

- Pretende emular la naturaleza en un espacio doméstico o controlado.
- Fluidez y naturalidad: el objetivo es que no parezca planificado.
- Las plantas nativas ofrecen la oportunidad de «volver al pasado» y ser respetuosos con el medio ambiente.

Nuevo perenne

- Repetición de ciclos de plantas perennes y herbazales.
- Pensado para lucir bien en todas las estaciones, dejando las siembras en invierno.
- Su diseñador más conocido es el paisajista neerlandés Piet Oudolf.

Dos chicas disfrutando de la frescura de la tarde en un jardín (aprox. 1765), de Suzuki Harunobu

Mezcla de formal e informal

Arts & Crafts

- Influyente movimiento inglés de los años treinta, representado por la jardinera Gertrude Jekyll (véase la página 170).
- Suele adoptar una estructura geométrica y utilizar recursos del entorno local.
- Estilo de plantación informal que destaca el movimiento y el color.

Minimalista/modernista

- Estilo simplista que enfatiza la sencillez y el orden.
- Formas geométricas, a menudo con grava y/o rocas.

Estilos más marcados

Pelargonsjuka: Estilo escandinavo basado en el uso de pelargonios en macetas, tanto en interiores como en exteriores.

Xerojardinería: Inspirada en el cambio climático y el desierto, no requiere riego.

Cocina exterior: Mezcla los límites entre interior y exterior al estilo australiano.

Jardín interior: Los «*influencers* de plantas» indios quieren que los grises hogares urbanos se vuelvan verdes por dentro.

Jardinería ecológica: Propone diseñar el jardín para la fauna silvestre, ya sean pájaros, abejas o sapos.

Nenúfares y puente japonés, de Claude Monet (1899)

«Mi jardín es mi obra maestra más bella».

Claude Monet (1840-1926), pintor francés

La obsesión por las grandes extensiones de césped

Definición de césped

El término *lawn*, «césped» en inglés, se remonta al siglo XVI, pero su origen es polémico. Hay quienes dicen que proviene de la palabra francesa *launde* o *lande*, o del inglés medieval *lande*, para referirse a un lugar con flores silvestres; o bien de la palabra bretona *lann*, que significa «brezal».

El césped bajo los pies

Céspedes ornamentales o formales: Una mezcla de las hierbas más selectas para obtener una alfombra densa y tupida. A base de gramíneas de pasto, festuca roja y otras hierbas forrajeras. De crecimiento lento, se pueden segar a una altura muy baja.

De uso general: Una mezcla de hierbas resistentes que pueden soportar un tránsito habitual. Compuesta por raigrás enano perenne, festuca roja y hierbas forrajeras rastreras. De crecimiento rápido, requiere siegas regulares.

De sombra: Para zonas con poca o media sombra, una mezcla de centeno, festuca y hierbas forrajeras. De fácil mantenimiento.

Grandes alternativas al césped

Manzanilla: La variedad preferida es la manzanilla romana sin flor *Chamaemelum* «Treneague», que es rastrera y de crecimiento lento. Forma una alfombra densa de follaje fragante.

Musgo: Inspirado en los jardines japoneses, el musgo necesita sombra y humedad. Aporta verdor y belleza.

Trébol: El trébol blanco (*Trifolium repens*) se considera una alternativa más sostenible al césped tradicional. Resistente a la sequía, favorece la biodiversidad y es de fácil mantenimiento.

Flores de pradera: Utiliza plantas anuales (de un solo ciclo) o una mezcla perenne de flores silvestres. Requiere suelos poco fértiles. La *Rhinanthus minor* (llamada también cresta de gallo) es una flor de pradera parásita que debilita el césped y puede plantarse como complemento si se prevé una mezcla de césped y flores.

Dibujos de siega

La clave para crear franjas de césped perfectas, o cualquier otro dibujo, reside en el siguiente mantra: segar alto, segar en seco, segar con firmeza. La altura del corte es fundamental, ya que el césped corto se inclina menos y, por tanto, refleja menos la luz (es decir, se ve más oscuro). Para lograr un dibujo más definido, corta el césped a 7,5-8 cm en lugar de los habituales 5-6 cm. Para un efecto aún más marcado, utiliza un rodillo, que puede pasarse por separado o ir incorporado en el cortacésped.

Por el bien de la fauna, es mejor evitar segar en verano; en cambio, conviene hacerlo en otoño para evitar matas e irregularidades en el terreno. Como el césped crece lentamente en invierno, basta con cortarlo muy de vez en cuando (o no cortarlo en absoluto). Movimientos como «No siegues en mayo» defienden dejar el césped a su aire durante todo ese mes (y más allá), o al menos segarlo menos y dejarlo largo en algunas zonas.

Tablero de ajedrez

Ondas

Franjas

Círculos concéntricos

Cómo se extendió la moda del césped por todo el mundo

Siglo XV: Las familias acomodadas inglesas se rodean de jardines por seguridad, normalmente con un césped central de forma cuadrada, hecho de hierba de pradera, para lograr un «pradillo florido».

Siglo XVII: Luis XIII introduce el *tapis vert* en Versalles, Francia, que con Luis XIV y el paisajista André Le Nôtre crece hasta convertirse en el «gran jardín de césped» o el «paseo real», de 335 metros de longitud y 40 de anchura.

Siglo XVIII: El césped se convierte en un elemento esencial en el diseño del jardín inglés y francés, y en símbolo de estatus social para los ricos, que contratan trabajadores para segarlo a mano.

Décadas de 1730-90: La primera versión de jardín formal francés en China se realiza en el Antiguo Palacio de Verano de Qianlong, en Pekín, también conocido como el «Versalles de Oriente».

1806: El presidente de los Estados Unidos Thomas Jefferson, entusiasta de la horticultura, inicia una obsesión duradera: poner un césped de estilo europeo en su finca de Monticello, en el estado de Virginia.

Siglo XIX: A medida que se expande el Imperio británico, los colonos introducen céspedes ondulantes en lugares como la India, el sur de África y Australia.

1830: Edwin Budding, ingeniero de Thrupp, en el condado de Gloucestershire (Reino Unido), adapta una máquina cortadora de alfombras para crear el primer cortacésped.

1839: El césped se vuelve cada vez más común en China tras la Primera Guerra del Opio, cuando puertos como Shanghái y Cantón se abren a países extranjeros, entre ellos Gran Bretaña y los Estados Unidos.

Décadas de 1870-80: El gobierno estadounidense impulsa la iniciativa «césped para todos» con una exhibición en la Exposición Universal de Filadelfia de 1876. Las revistas americanas comienzan a incluir artículos sobre el cuidado y cultivo del césped.

1893: James Sumner, de Leyland (Lancashire, Reino Unido), diseña el primer cortacésped a vapor.

1902: La empresa Ransomes, en Inglaterra, fabrica y comercializa un cortacésped a gasolina.

1938: La historia de amor de los estadounidenses con el césped se ve reforzada por la Ley de Normas Laborales Justas, que regula la semana laboral de cuarenta horas. Muchas personas aprovechan los recién instaurados fines de semana libres para sembrar, cuidar y disfrutar de su césped.

1945: El pesticida DDT (diclorodifeniltricloroetano) se pone a la venta en Estados Unidos para una gran variedad de usos, incluido el mantenimiento del césped. Fue prohibido en 1972 en los Estados Unidos y en 1986 en el Reino Unido, por su impacto negativo en la salud humana y animal.

1949: La recién creada República Popular China convierte algunos jardines coloniales de césped en instalaciones comunales para los vecinos. Su campaña de Reconversión Verde General insta a dedicar esas tierras de ocio a fines más prácticos, como la pesca y la agricultura.

Década de 1950: El cortacésped rotativo gana popularidad en los Estados Unidos, favoreciendo que la creciente clase media se instale en los prósperos suburbios y se obsesione con el césped de jardín.

1964: Flymo introduce en el Reino Unido el cortacésped de cojín de aire.

Siglo XXI: El cambio climático actúa como catalizador para reinventar el jardín de césped. Las alternativas sostenibles que requieren menos agua y recursos, como los prados o los céspedes de trébol, se vuelven más populares.

2005: Salen al mercado los robots cortacésped.

Sembrar a partir de semillas

1. Limpiamos el terreno y, a continuación, excavamos para eliminar las malas hierbas perennes. Si la tierra está compactada, cavamos hasta unos 20 cm de profundidad.
2. Si el suelo es pobre pero bien drenado, añadimos algo de compost orgánico sin turba o estiércol descompuesto.
3. Lo dejamos reposar al menos un par de semanas y eliminamos cualquier rebrote.
4. Afirmamos la zona pisándola con pasos cortos arrastrando los pies, o bien con un rodillo.
5. Pasamos el rastrillo en todas las direcciones para nivelar el terreno.
6. Añadimos sustrato para siembra si es necesario.
7. Calculamos la cantidad de semillas según el tamaño de la superficie a cubrir (lo indicará el paquete de semillas).
8. Esparcimos la mitad de las semillas caminando de un lado a otro en una sola dirección, y la otra mitad en la dirección perpendicular, o usamos una esparcidora. Pasamos el rastrillo con cuidado para mezclar ligeramente las semillas con la tierra.
9. Regamos ligeramente (si no llueve). Si es posible, cubrimos la zona para proteger las semillas de los pájaros.
10. Regamos cada pocos días, según sea necesario.

Jardín de hierbas

Distribución: trío de triángulos

Para plantar el jardín de hierbas (y especias) en tres partes triangulares, separadas por temas:

Triángulo 1: culinarias

Anuales: albahaca, cilantro, ajo, ajedrea, mostaza, borraja, eneldo, rúcula, berro, caléndula, artemisa.
Bianuales: angélica, perifollo.
Perennes: laurel, tomillo, cebollino, ajedrea de monte, romero, salvia, perejil, menta, comino, rábano rusticano, hinojo, achicoria, melisa, apio de montaña.

Triángulo 2: medicinales

Menta piperita, jengibre, cúrcuma, manzanilla, ginseng, hipérico, dondiego de noche, equinácea, lavanda. Muchas hierbas medicinales tienen más de un uso: la menta piperita, por ejemplo, ayuda en la digestión pero también se puede usar para el dolor de cabeza, las náuseas, los gases y ciertos tipos de ansiedad.

Triángulo 3: del hogar

Ruda y espliego (contra las polillas); pétalos de rosa y lavanda (en bolsitas de lino).
Hierbas tintóreas: rubia y reseda amarilla (rojo); coreopsis tintórea (naranja); pastel de tintes (azul); gualda, vara de oro, gordolobo (amarillo); mezcla de pastel y gualda, milenrama (verde); mezcla de pastel y rubia, malva (púrpura).

El problema con el perejil

El perejil puede tardar en germinar, y quizá por eso mismo ha generado tantas supersticiones. De hecho, hay quienes lo consideran claramente diabólico. Para empezar, dicen que una mujer en edad fértil no debe comprarlo ni plantarlo, a menos que quiera quedarse embarazada. Las vírgenes que lo planten podrían recibir la visita del diablo, de ahí que no deban meterse en ello. Pero incluso hay dudas sobre qué día es el adecuado para plantarlo. En el pasado se creía que lo más prudente era que los hombres lo sembraran a las tres de la tarde del Viernes Santo, que es cuando estamos más cerca de Dios (según los cristianos, al menos). Si no se hacía así, el diablo haría que las raíces del perejil bajaran hasta el infierno y subieran de nuevo nueve veces antes de brotar. Por eso tarda tanto en germinar. Ahora ya lo sabéis.

Más cuentos de viejas

- El tamaño de un arbusto de romero refleja el poder de la mujer de la casa.
- Si colocamos mejorana bajo la almohada, soñaremos con nuestro futuro amor.
- La albahaca crece mejor cuando se reniega.
- La salvia solo crece cuando la planta un desconocido.
- Allá donde crece el tomillo, el aire es puro.
- Para evitar que regresen invitados no deseados, barremos la entrada y la frotamos con hojas de laurel.

Mantendréis a la gente a raya con *Laurus nobilis*

Popurrí fragante

Utilizamos pétalos de rosa de la fragante *Rosa gallica* o de rosa de Damasco, ya que conservan bien el perfume. Las rosas recién abiertas suelen tener más aroma, mientras que la lavanda mantiene una fragancia intensa durante bastante tiempo. No dudemos en adaptar la receta de abajo para que encaje con lo que tengamos en nuestro jardín. La mezcla de hierbas puede incluir hojas de laurel, eucalipto, mirto, apio de monte, tomillo y/o salvia. Para que la mezcla resulte más dulce, probaremos con bergamota, violeta y/o geranios con fragancia de rosa. Recolectamos pétalos a lo largo del verano y los dejamos secar en una habitación ventilada y sombreada. Los guardamos por separado en recipientes cerrados.

1. Preparar la mezcla base: En otoño, frotamos un cuenco con aceite de trébol y mezclamos en él un total de 50 g (10 tazas) de pétalos, la mitad de los cuales pueden ser de rosas, seguidos de otros a nuestro gusto, pero que incluyan pétalos de clavel, hojas de hierba luisa, lavanda, romero o mejorana, menta piperita y violetas.

2. Añadir fijadores, para prolongar la fragancia: Podemos elegir entre raíz de iris azul (los rizomas), vetiver, habas o vainas de vainilla, liquen de roble, raíz de angélica, goma / resina de mirra. Necesitaremos una mezcla de 30 g de raíz de iris azul troceada, media cucharada de raíz de iris azul en polvo, media cucharada de resina de benjuí y una vaina de vainilla troceada.

3. Realzar el aspecto y el aroma: Añadimos cápsulas de semillas, piñas pequeñas, clavos de olor enteros, ramitas de canela, cilantro en grano machacado, cítricos secos, nuez moscada entera o rallada, hojas de laurel, jengibre cortado, anís estrellado y granos de pimienta de Jamaica.

4. Mezclar y dejar que macere: Lo mezclamos todo en un recipiente hermético. Añadimos unas gotas de aceite esencial de romero o albahaca (o nuestro aceite floral preferido) y agitamos bien para distribuir el aceite y los fijadores. Dejamos que macere de cuatro a seis semanas en un lugar oscuro, agitando el recipiente cada pocos días. Presentamos la mezcla en un cuenco que no sea de metal.

Rosa gallica

Equilibrio ayurvédico de mente y cuerpo

La medicina ayurvédica de la tradición india busca mantener el equilibrio entre la mente y el cuerpo. Persigue el bienestar mediante el estilo de vida, la dieta y los cambios en el ejercicio. Las hierbas y especias son una parte integral de esta práctica.

Bufera (*Withania somnifera*): Esta pequeña planta leñosa, originaria de la India y del norte de África, ayuda a controlar el estrés, mejora el sueño, el crecimiento muscular y la fertilidad masculina.

Boswellia (*Boswellia serrata*): También conocida como incienso u olíbano. Se considera que tiene propiedades antiinflamatorias y que reduce el dolor articular.

Brahmi (*Bacopa monnieri*): Hierba considerada antiinflamatoria, que mejora el funcionamiento cerebral y ayuda a aliviar los síntomas del trastorno por déficit de atención con hiperactividad (TDAH).

Comino (*Cuminum cyminum*): Se cree que ayuda en la digestión y que reduce el colesterol.

Cúrcuma (*Curcuma longa*): Se cree que mejora el funcionamiento del corazón y del cerebro, además de tener propiedades antiinflamatorias.

Arriates de flores

Aquí tenéis algunas ideas para una lista mucho más extensa de plantas con esta función típica en los jardines. Y hay muchas, muchísimas más disponibles.

Para jardín de grava

Resistentes a la sequía y de bajo mantenimiento, muchas plantas ideales para grava se autorreproducen.

- Agapanto
- *Hylotelephium*
- Iris
- Nepeta
- Salvia
- Abrótano hembra
- *Stipa*
- Tomillo (*Thymus*)
- Verbena
- Polillera
- Cantueso (*Lavandula stoechas*)
- *Allium*
- Festuca azul (*Festuca glauca*)

Para jardín campestre

Un calidoscopio de color y textura que se ha convertido en un estilo definitivo.

- Dedalera (*Digitalis*)
- Lavanda (*Lavandula*)
- Jeringuilla (*Philadelphus*)
- Salvia
- Sanícula hembra
- Aciano (*Centaurea cyanus*)
- Guisante de olor (*Lathyrus odoratus*)
- *Geranium*
- Rosa (*Rosa*)
- *Delphinium*

Arriate tropical

Hojas grandes, colores llamativos, requieren mucha agua, con un factor incorporado de espectacularidad. (Nota: Estas plantas tienen un aspecto tropical para regiones templadas, no son plantas tropicales de verdad… y la lista es interminable.)

- Aralia (*Fatsia japonica*)
- Caña
- Planta papel de arroz (*Tetrapanax papyrifer*)
- Helecho arborescente (*Dicksonia*)
- Jazmín (*Jasminum*)
- Ricino (*Ricinus communis*)

Arriate del desierto

La xerojardinería opta por plantas esculturales, a menudo con espinas, que reducen o eliminan la necesidad de riego. Únicamente para climas secos y cálidos.

- Aloe
- *Ferocactus* (*Ferocactus gracilis*)
- Amapola (*Papaver*)
- Incienso (*Encelia farinosa*)
- Pita
- Hibisco
- Espuma de pradera (*Limnanthes douglasii*)
- Guisante del desierto (*Swainsona formosa*)

Lecciones de propagación

¿Propagarse o polinizarse? Este es el dilema

Las dos categorías principales cuando se trata de la propagación de plantas son «sexuales» o «asexuales». Las primeras implican polinización y la formación de nuevas semillas. La propagación asexual consiste en utilizar una parte de la planta para formar otra mediante esquejes, acodos, división e injertos. A menudo, este método es más fácil y rápido que la polinización, pero la nueva planta será un clon y carecerá de la diversidad genética y del vigor híbrido de una planta que haya crecido a partir de una semilla.

SEXUAL

La descendencia diferirá genéticamente de la planta progenitora

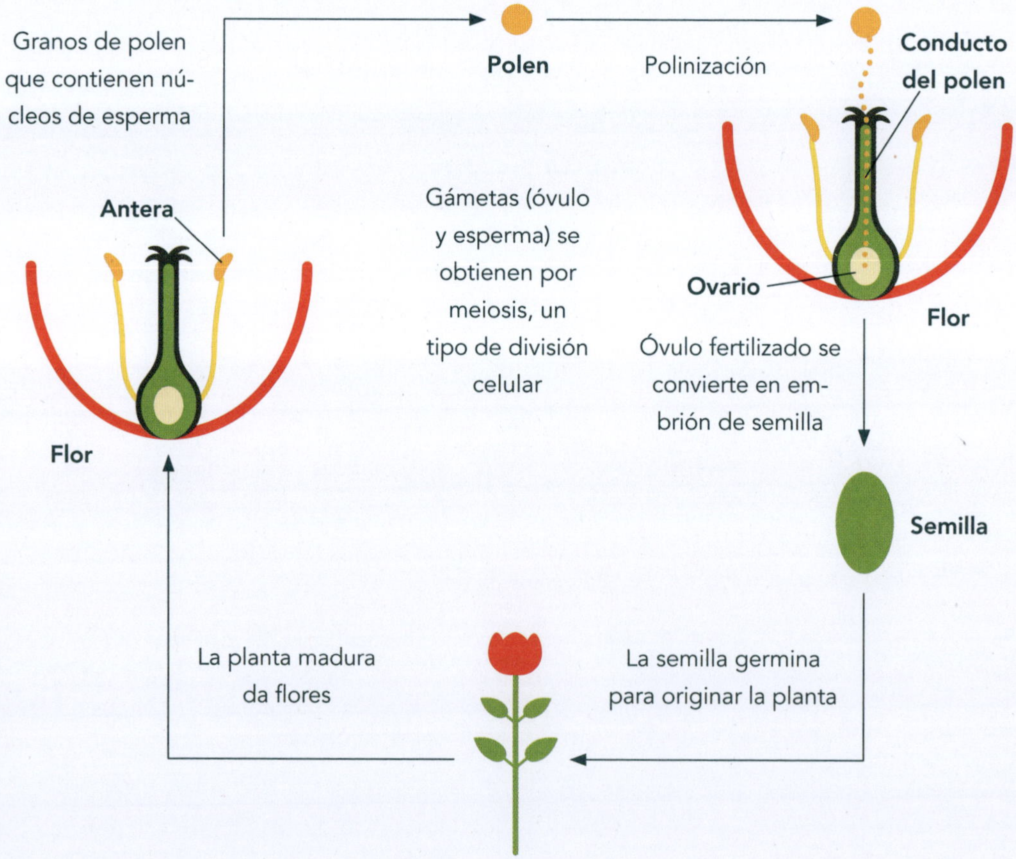

ASEXUAL

Las nuevas plantas son clones

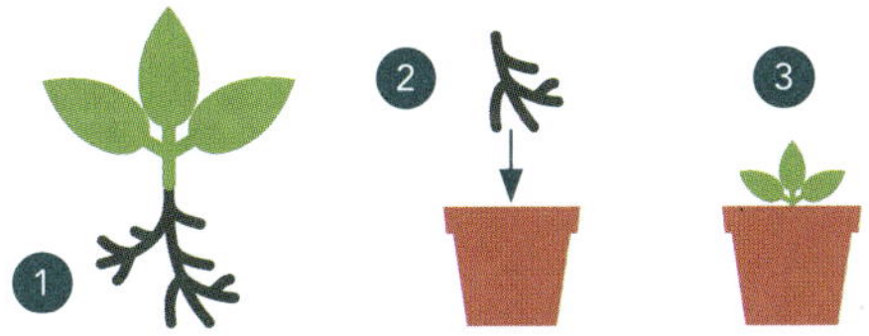

Esqueje de la raíz

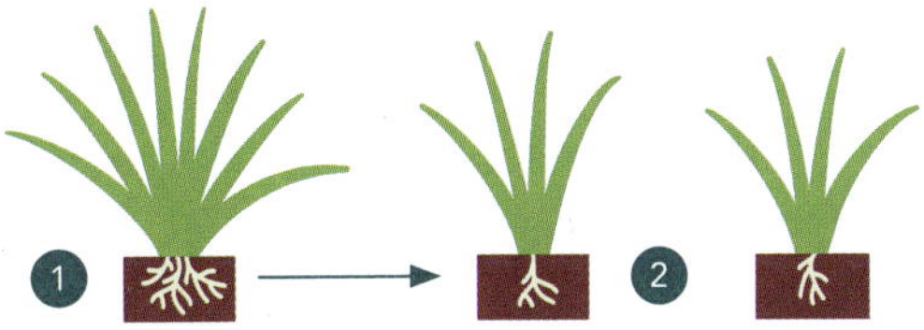

División

Injerto

Rastreras

Ha nacido un clon

En la propagación asexual, la reproducción, básicamente, se produce por la separación del cuerpo en dos cuerpos nuevos. Un organismo duplica su ácido desoxirribonucleico (ADN) y se divide (citocinesis). Y *voilà*, un clon llega al mundo.

Semillas grandes *versus* semillas pequeñas

La semilla del coco de mar (*Lodoicea maldivica*) mide en promedio 30 cm de diámetro y pesa 18 kg. En el otro extremo de la escala, la semilla de la orquídea tropical es como una partícula de polvo, ya que pesa 4,3 millonésimas de gramo.

Dispendioso abedul

Los abedules pueden producir una media de 1,66 millones de granos de polen por amento, y en un solo árbol maduro hay miles de amentos.

Entretenimiento infantil

¿Cuándo un arenero no es un arenero?

Un arenero puede mantener entretenido a un crío durante horas, y parece ser uno de esos lugares de la infancia que no se olvidan. Políticos, empresarios, artistas de todo tipo hablan del arenero como un espacio para encontrar soluciones y aprender a convivir con los demás. El artista canadiense Robert Genn comenta: «El estudio es una extensión del arenero y del cuarto de juegos del parvulario... Es una habitación al servicio de un soñador en proceso de convertirse en maestro». Y esto afirma el escritor estadounidense de ascendencia libanesa Rabih Alameddine: «La literatura es mi arenero. Allí puedo jugar, construir mis fuertes y castillos, pasarlo estupendamente». Incluso los políticos aportan su visión: «Buscamos la manera de tener un arenero con un entorno controlado en el que la gente pueda probar cosas nuevas», dijo Lee Hsien Loong, primer ministro de Singapur. Por lo visto, un arenero no es simplemente un rincón del jardín para jugar: es toda una filosofía de vida.

Es un sueño

Que Shakespeare se encargue de la distribución de plantas en este teatro al exterior:

«Conozco un barranco donde crece el tomillo silvestre y se balancea la violeta junto a las primuláceas, sombreado por madreselvas, fragantes rosas y lindos escaramujos».

Aquí es donde, en *Sueño de una noche de verano*, Titania, la reina de las hadas, a veces duerme por la noche. Es perfecto para dar una cabezada a la intemperie o, incluso, con algunos troncos a su alrededor, para un escenario de una obra al aire libre.

Rosa eglanteria var. *luteola*

Salix alba

Agua para disfrutar y dejarla fluir

- Bebedero para pájaros: lo llenamos y observamos.
- Fuente de agua alimentada con energía solar para que brote con su sonido mágico.
- Charca para observar la fauna salvaje.
- Pared de agua, hecha con botellas de plástico recicladas o recipientes metálicos (inclinados) encajados en una malla, para que el agua escurra de uno a otro.
- Canalillo: reutilizamos botellas de plástico o reciclamos canalones viejos de plástico para montar una corriente de agua donde hacer carreras de barquitos de juguete.

Montemos una estructura con sauce vivo

Hacemos un túnel, alto o bajo, con sauce vivo. Cualquier tipo sirve, aunque el *Salix alba* var. *vitellina*, el *Salix viminalis* y el *Salix purpurea* tienen bastante aceptación. El mejor momento es en otoño, hasta la primavera (antes de que broten las hojas).

Necesitamos lo siguiente:

- Ramas vivas de sauce, lo bastante gruesas para el proyecto pero con un arco de al menos 2 m
- Cuerda o cordel
- Azada o escardillo
- Ahoyadora

1. Marcamos el espacio y quitamos la hierba al menos en las zonas donde plantaremos el sauce.
2. Usamos la ahoyadora para hacer los agujeros en el suelo.
3. Formamos arcos desde ambos extremos, usando las ramas de cada lado y uniéndolas por la punta.
4. «Plantamos» las ramas con una separación aproximada de 30 cm y a una profundidad de 30 cm.
5. Podemos formar un enrejado (cada rama plantada se inclinará hacia el lado opuesto para entrelazarse con otras ramas). Así la estructura será más resistente.
6. Atamos los arcos por la parte superior con cuerda o cordel.
7. Nos apartamos, admiramos nuestro trabajo y nos aseguramos de regarlo bien.
8. Esperamos a la primavera.

Otros proyectos con sauce vivo pueden ser respaldos para bancos, cercas, glorietas y cabañas.

Hagamos un vergel

¿Qué es exactamente?

Un vergel es un terreno dedicado al cultivo o la recolección de árboles frutales. Algunos son extensos y se destinan a un uso comercial, formados por hileras paralelas de árboles cultivados que producen cosechas como parte de una explotación agrícola. Los vergeles domésticos existen desde la época romana. Se llamaban *pomarius*, término latino que significa «vendedor de fruta», pero que también alude a lo que «[proviene del] jardín cerrado», y está relacionado con la diosa romana Pomona, deidad de los árboles frutales y los vergeles. En los jardines islámicos, los vergeles se conocen como *bustanes*. Estos vergeles domésticos, más pequeños, no solo producen fruta, sino que también se cultivan con fines ornamentales. Últimamente ha habido un resurgimiento de los vergeles comunitarios, tanto por los beneficios que aportan a la fauna como por los que ofrecen a los vecinos.

Unámonos y consigamos fruta gratis

El número de vergeles tradicionales está disminuyendo drásticamente (Inglaterra y Gales han perdido casi la mitad desde 1900), y eso es una mala noticia por varios motivos. Afecta la diversidad y la cantidad de fruta cultivada, y también perjudica a la fauna, ya que estos vergeles son lugares fantásticos para las abejas y otros polinizadores. Además, significa que cada vez menos personas disfrutan del espectáculo de los cerezos, manzanos y otros árboles frutales en flor, una costumbre muy popular en Japón conocida como *hanami*.

Streuobstwiese es una palabra alemana que hace referencia a un prado con árboles frutales dispersos que, tradicionalmente, proporcionaban fruta a comunidades rurales. Hoy en día, en Alemania, estos prados frutales reciben ayudas estatales para su conservación, debido a su valor paisajístico y como hábitat. Aunque no vivamos cerca de uno, siempre podemos hacer rutas turísticas para recorrerlos.

Matemáticas de los vergeles

- Un vergel debe tener tres o más árboles, o al menos cinco, según las opiniones.
- Muchos árboles frutales requieren entre 6 y 8 horas de sol al día durante el verano.
- Los manzanos semienanos (de hasta 3,5 m de altura) deberían plantarse con una separación de entre 3 y 3,5 m entre ellos.

Malus domestica cultivar «Cornish Gilliflower»

Distribución de la plantación en los vergeles

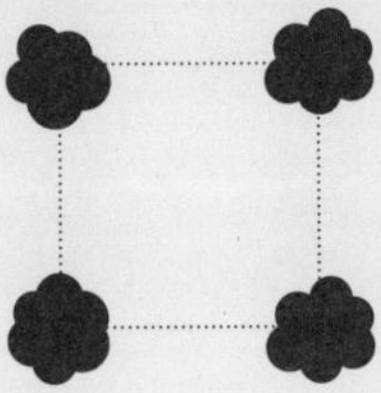

Cuadrado: Plantación en hilera vertical, normalmente de norte a sur.

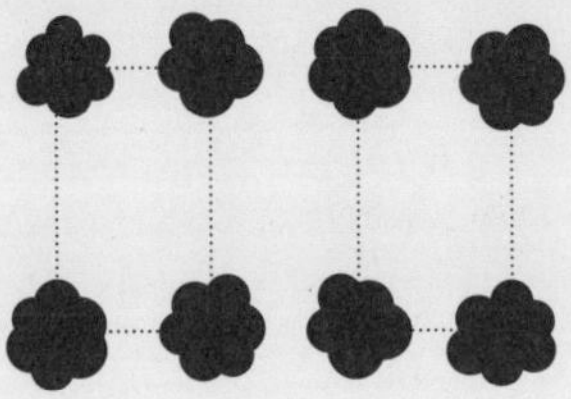

Rectángulo: Plantación en hilera vertical.

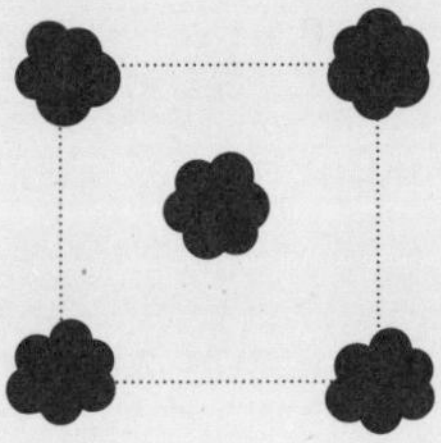

Quincuncio: Los árboles se plantan en cada esquina de un cuadrado y otro más en el centro.

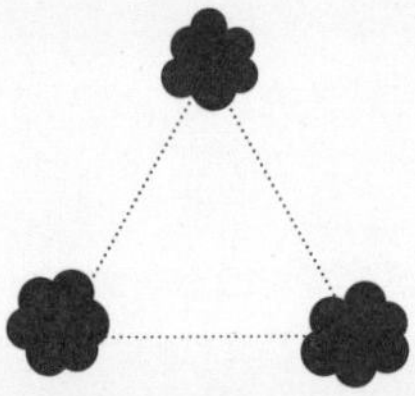

Triángulo: Un árbol en cada vértice de un triángulo. Si se plantan en un campo, los árboles se disponen en hileras verticales, pero los de las hileras pares se colocan a media distancia de los que están en las hileras impares.

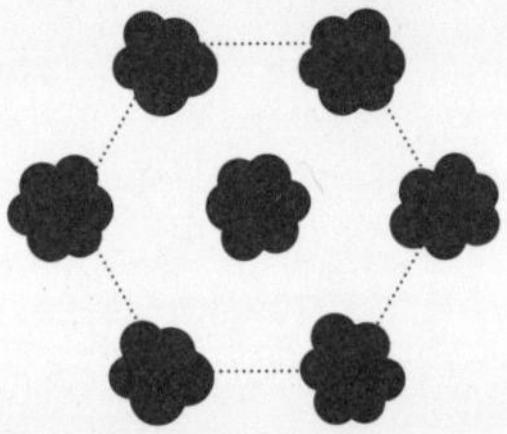

Hexágono: Los árboles se plantan en cada esquina de un hexágono, con un séptimo en el centro.

En líneas de contorno: Se utiliza en bancales a diferentes niveles, donde los árboles se plantan siguiendo la curva de contorno de la pendiente.

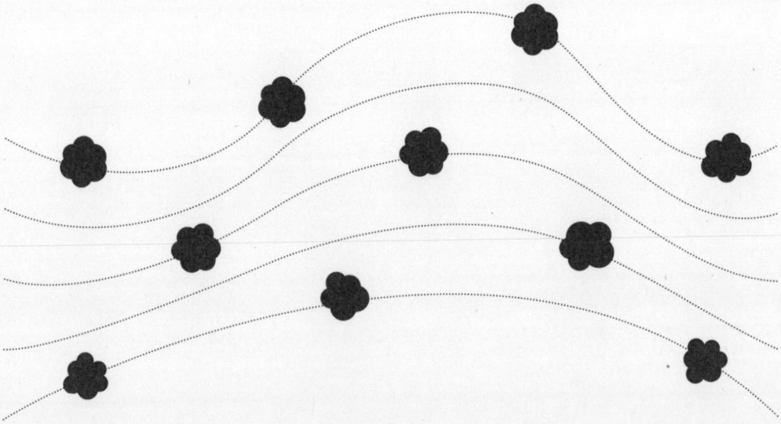

Plantemos un vergel en el patio

No hace falta tener un campo para cultivar un vergel. Un lugar soleado y resguardado en un patio o espacio similar ya es suficiente. Las jardineras deben ser estables y tener al menos 45 o 50 cm de diámetro. Utilizad compost orgánico de buena calidad, a base de marga y sin turba, con una mezcla de arena para favorecer el drenaje. Necesitaréis agua y abonar los árboles semanalmente durante la temporada de crecimiento.

Los árboles: Ante todo, elegid la fruta que más os guste comer. Luego buscad los cultivares que mejor se adapten a las jardineras: serán injertos sobre patrones semienanos o enanos que limiten el tamaño y el vigor del árbol. En cuanto a la forma, están la forma «columnar», que es muy estrecha, o la de abanico en espaldera, que se puede montar sobre una pared o con una estructura independiente.

Polinización: Hay árboles frutales que se autopolinizan, mientras que otros necesitarán una pareja para poder desarrollarse. Los árboles frutales se clasifican por grupo de polinización (con un número que indica cuándo florecen). Es buena idea colocar, cerca de los árboles, jardineras más pequeñas llenas de flores y hierbas ricas en néctar, para atraer abejas y otros polinizadores.

«Solo hay diez minutos en la vida de una pera en los que está perfecta para comérsela».

Ralph Waldo Emerson (1803-1882), escritor y filósofo estadounidense

¿Quién dedica más superficie a las plantaciones de manzanos?

1. China: 2.092.326
2. India: 313.000
3. Rusia: 225.256
4. Turquía: 168.811
5. Polonia: 168.811
6. Irán: 131.900
7. EE. UU.: 117.441
8. Uzbekistán: 111.575
9. Ucrania: 84.400
10. Pakistán: 75.230

Cifras en hectáreas, extraídas de la Organización de las Naciones Unidas para la Agricultura y la Alimentación (2021).

¿Quién produce más manzanas?

1. China: 45,98
2. Turquía: 4,49
3. EE. UU.: 4,5
4. Polonia: 4,07
5. Irán: 2,77
6. India: 2,28
7. Rusia: 2,22
8. Italia: 2,21
9. Francia: 1,63
10. Chile: 1,56

Cifras en millones de toneladas, según la base de datos estadísticos corporativos de FAOSTAT (2021).

Aprovechar un jardín pequeño

Pensemos en grande

- Nos deshacemos del desorden, y eso significa de todo (como por ejemplo, macetas con plantas muertas).
- Difuminamos los límites y sacamos partido de las vistas del jardín (el «paisaje prestado»).
- Elegimos nuestro estilo de jardín: formal o informal, tropical o de hierbas, ordenado o rústico (véanse las páginas 46-50).
- Elegimos la paleta de colores (véase la página 72).
- Si vamos a usar jardineras, cuanto más grandes, mejor.
- Limitamos los materiales de paisajismo a un máximo de tres tipos.
- Integramos la casa con el jardín combinando los mismos materiales de paisajismo.
- Aprovechamos el espacio vertical mediante mallas, celosías y otras estructuras para trepadoras.
- Creamos zonas o «compartimentos» si hay espacio para más de uno.
- Generamos un aire de misterio con un sendero y un destino que quede oculto.

Efectos visuales

La «revelación progresiva»

Todo se reduce a crear un recorrido por un sendero que, ya sea largo o corto, transmita misterio. Esto puede lograrse simplemente colocando plantas de hojas grandes de forma que oculten hacia dónde lleva el camino. La revelación progresiva ayuda a crear lo contrario de un punto de fuga, tan buscado en los jardines extensos, donde enseguida se revela un banco, un árbol o una escultura. Una revelación progresiva en un jardín reducido genera la ilusión de que el jardín es lo bastante grande como para tener zonas secretas. Lo que no queremos es un sendero que simplemente se acabe; al contrario, buscamos una zona donde sentarnos y un lugar con un elemento de agua, un banco o incluso una simple silla.

Ensanchar un jardín estrecho

Si nuestro jardín es estrecho, entonces podemos diseñarlo en diagonal. De este modo, a diferencia de lo que haríamos en uno cuadrado, llenamos el espacio con formas romboidales o incluso con una única forma de diamante grande. Así engañamos a la vista, haciéndole creer que el espacio es más ancho de lo que realmente es.

Acer palmatum i
A. negundo «Variegatum»

Lagerstroemia indica

Por más pequeño que sea no deja de ser un árbol

Entre los árboles pequeños de jardín se encuentran:

Acer griseum: corteza exfoliante de color canela, flores blancas en primavera, follaje de color otoñal.
Amelanchier laevis: flores blancas en primavera, hojas con colores otoñales, frutos en invierno.
***Sorbus* «Joseph Rock»**: flores blancas en primavera, colores de otoño, bayas en invierno.
Lagerstroemia indica: corteza interesante en invierno, flores blancas o de un rosa intenso en verano, seguidas de un vistoso colorido en las hojas en otoño.
***Acer palmatum* «Sango-kaku»:** arce japonés con corteza de un llamativo rojo coral y follaje amarillo rosado que se vuelve verde en primavera y, más tarde, amarillo en otoño.

Sorbus «Joseph Rock»

Dahlia variabilis
Iris tectorum e Iris loptec
Rosa gallica
Syncarpha eximia
Lilium bulbiferum
Gentiana acaulis
Coreopsis verticillata
Aquilegia vulgaris
Convolvulus tricolor
Smilacina stellata
Pyrus communis
Lychnis grandiflora

Una cuestión de color

¿Claro u oscuro?

Pintar los muros o las vallas que delimitan el jardín puede marcar una gran diferencia. Los colores claros, como el rosa pálido o el blanco verdoso, hacen que el espacio parezca más grande y luminoso, aunque en zonas muy soleadas pueden llegar a verse deslucidos o incluso deslumbrantes. Los colores más oscuros, como un verde o azul intensos, crean una atmósfera envolvente que puede funcionar muy bien, sobre todo si usamos iluminación y plantas que contrasten sobre una pared oscura.

¿Cálido o frío?

¿Qué ambiente queremos transmitir? Si buscamos energía y vitalidad, elegimos plantas con flores de colores vivos, como rojos y amarillos brillantes. Dan la sensación de estar más cerca de lo que realmente están. Si, en cambio, queremos calma y serenidad, optamos por tonos fríos como los azules, púrpuras y grises claros, que parecen estar más alejados. Una buena estrategia para que el jardín parezca más grande es plantar tonalidades frías al fondo y colores vivos en primer plano.

¡Guau! ¿O quizás no tanto?

¿Queremos ese efecto "¡guau!"? Entonces busquemos plantas de tamaño medio o alto, con flores duraderas y en una amplia gama de colores. Pero en un jardín pequeño, puede que nos convenga limitar la paleta a solo dos o tres tonalidades, ya que un exceso de colores puede hacer que el espacio se sienta recargado y saturado.

¿El verde también es una opción?

Un jardín sin color (es decir, todo verde) nos permite centrarnos en la variedad que aportan las texturas y las formas del follaje. Según la psicología del color, nuestro cerebro asocia el verde con la naturaleza y la salud.

¿Armonía o contraste?

Todo depende del estado de ánimo. Si nos atrae la calma que transmiten los colores que se combinan y se funden entre sí, entonces nos inclinamos por la armonía. Si, por ejemplo, nos gusta el amarillo como color predominante, sus colores armónicos estarán justo al lado en la rueda cromática. Si en cambio buscamos un toque de alegría y energía, entonces preferimos el contraste: los colores situados en el lado opuesto de la rueda se complementan sin desentonar.

¿Puede el color crear profundidad?

La idea de crear «zonas visuales» en la plantación se puede lograr a través del color (flores de tonos fríos al fondo y colores vivos delante) y del follaje (hojas grandes en primer plano, y más pequeñas o finas al fondo). La iluminación y otros elementos, como el agua, también pueden aportar profundidad. Podemos colocar algunas plantas altas y esbeltas cerca del borde frontal de un arriate. Esto nos permite «ver a través» de la planta y genera una sensación de profundidad, lo que hace que el jardín parezca más grande.

La noble tomatera

Desde letal hasta deliciosa

Durante siglos, el tomate fue temido en Europa. Fueron los españoles quienes introdujeron la planta en el Viejo Continente desde América a comienzos del siglo XVI. Pero en el norte de Europa la planta despertaba recelo, ya que se la relacionaba con las belladonas (*Atropa belladonna*), que resultan ser letales. No fue hasta mediados del siglo XVIII que la «manzana venenosa» se reconoció no solo como una planta comestible, sino también deliciosa, y empezó a cultivarse con fines que iban más allá del mero uso ornamental.

El campeón mundial de los tomates

El tomate *Solanum lycopersicum* es la verdura más popular del mundo, según la Organización de las Naciones Unidas para la Agricultura y la Alimentación, aunque en realidad se trata de una fruta. Los nutricionistas lo consideran una verdura; los botánicos, una fruta. Otros lo llaman simplemente un «vegetal culinario». Originario de América del Sur y Central, los tres mayores productores son China, India y los Estados Unidos. Entonces, ¿qué verdura ocupa el segundo lugar en el podio? No lloréis, pero es la cebolla.

Anatomía de un tomate

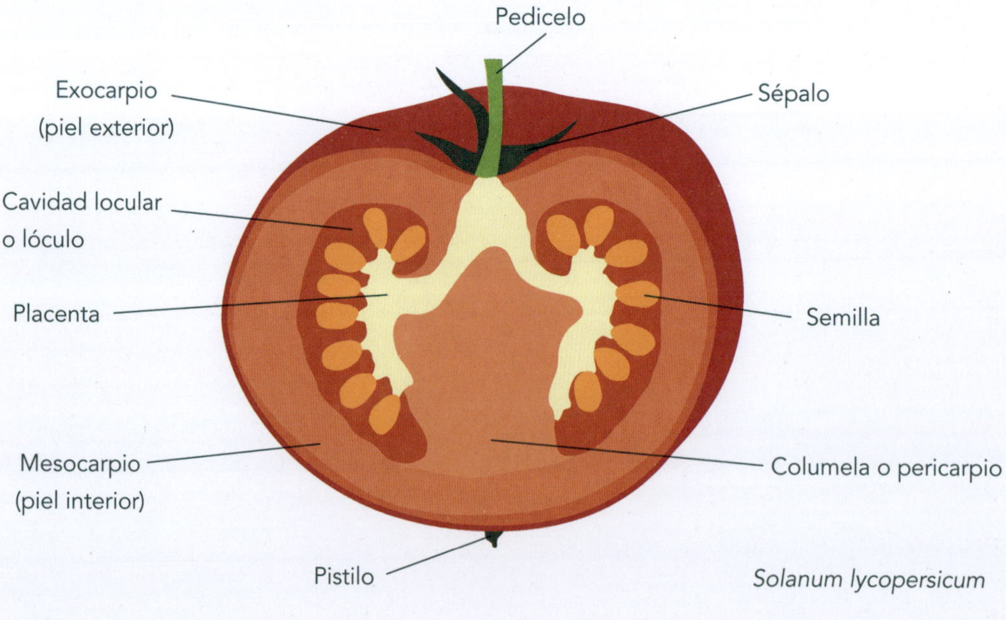

Solanum lycopersicum

La parcelita de las verduras

Las hay de todo tipo

Parcela: conjunto de terrenos cultivados por diferentes personas de forma independiente.

Parterres elevados: favorecen el drenaje y ayudan a controlar las malas hierbas; lo ideal es que no superen los 1,2 m de ancho si están pegados a una pared.

Huerto: plantado en hileras rectas orientadas de norte a sur.

Huerto en bancales: superficies planas excavadas en una pendiente, siguiendo la curva de nivel.

Cuadros formales: huerto dividido en formas geométricas, como cuatro cuadrados, cada uno de los cuales se subdivide a su vez en otros cuatro.

Huerto de jardín: una parte del jardín que resulta atractiva y útil al mismo tiempo, ya que se cultivan flores, verduras y hierbas juntas.

De guerrilla: terrenos públicos o privados cultivados de forma clandestina o técnicamente ilegal.

Huerto comunitario: huerto gestionado por un grupo de vecinos.

Permacultura: método de cultivo sostenible y autosuficiente que imita el ecosistema natural.

¿Cuándo plantar?

Siguiendo la naturaleza: fenología

Olvidémonos de las instrucciones que vienen en los paquetes de semillas. Aquí tenemos otra manera de saber cuándo sembrar las hortalizas: la fenología. Es el arte de observar la naturaleza para captar las señales que indican el momento exacto de plantar, o como a veces se dice, el cuento de la vieja. El calendario del agricultor, publicado en Estados Unidos desde 1792, siempre ha sido certero al relacionar los hábitos de las aves migratorias y otros signos naturales con la época de siembra. Así que recordemos sembrar cereales cuando las hojas del roble tengan el tamaño de la oreja de un ratón; plantar guisantes cuando florezca la forsitia, y esperar a que se marchiten las flores del lilo antes de plantar pepinos y calabazas.

Siguiendo la luna

La idea que hay detrás de plantar según la luna es que esta influye en todo lo que contiene agua en la Tierra, incluida la savia de las plantas. Hay muchas variantes, pero el plan básico es sembrar o plantar entre la luna nueva y el cuarto creciente. Cuando la luna mengua o decrece, es el mejor momento para podar y escardar. Si hay sequía, plantamos justo antes de la luna llena, que se considera un momento especialmente húmedo.

Hacer una jaula de ramillas

Una jaula de ramillas es una alternativa atractiva a las redes para mantener a los pájaros alejados. Usamos ramillas de avellano o abedul si es posible (aunque las ramas procedentes de la poda de arbustos grandes también sirven) y las clavamos en el suelo. Doblamos los extremos más finos de unas hacia otras y las entrelazamos para formar un dosel natural.

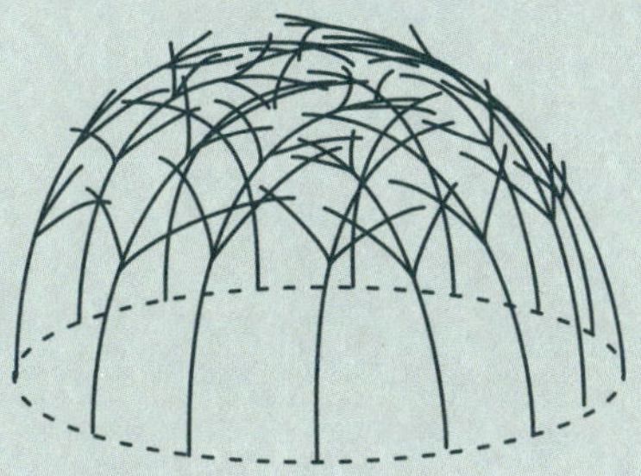

Rotación de cultivos

La idea de la rotación de cultivos es renovar el suelo y evitar enfermedades y ciertos pesticidas cultivando diferentes familias de hortalizas. En un espacio pequeño, la mezcla de especies plantadas cumple una función similar. Una rotación clásica en cuatro fases sería así:

1.er año: leguminosas, ya que fijan el nitrógeno.

2.° año: crucíferas, ya que necesitan nitrógeno.

3.er año: patatas, porque rompen el suelo y ayudan a controlar las malas hierbas.

4.° año: raíces comestibles, como las cebollas. Y luego, volver a empezar el ciclo.

Manihot esculenta

Gustos de Sudamérica

- Ají (*Capsicum baccatum*): también conocido como ají cristal o ají amarillo.
- Mandioca, o yuca (*Manihot esculenta*): raíz comestible con un ligero sabor a fruto seco.
- Ulluco (*Ullucus tuberosus*): raíz comestible que recuerda a una mezcla entre remolacha y patata.
- Papa púrpura: patata de color morado originaria de Perú.
- Tamarillo (*Solanum betaceum*): fruta similar al tomate, con forma de huevo.

Familias de verduras

Un asunto de familia

La jardinería es un asunto de familia, y esto no podría ser más cierto en el caso de las hortalizas. Todas las plantas se agrupan en familias que, en general, comparten características físicas. Las siguientes son las principales que encontraremos en nuestro pequeño huerto. Vale la pena saber qué plantas están emparentadas entre sí. A menudo, la rotación de cultivos se organiza por familias. Además, conocer las familias ayuda a identificar similitudes... y, de vez en cuando, también a detectar algún que otro elemento fuera de lo común.

FAMILIA: CRUCÍFERAS

Las crucíferas se conocen como la familia de las mostazas y las coles. Estas plantas surgieron en el Eoceno (hace entre 56 y 34 millones de años), en la región iranoturánica, y se extendieron por todo el mundo. Los registros en sánscrito indican que ya se cultivaban en la India hacia el año 3000 a. C. Hoy en día, esta familia se ha diversificado mucho y tiene gran importancia económica, ya que incluye semillas oleaginosas (como la colza y la mostaza) y verduras como la col rizada y el brócoli, valoradas por sus propiedades saludables. Otros miembros, quizá menos populares, son los nabos y las coles de Bruselas.

FAMILIA: AMARILIDÁCEAS

La familia de las amarilidáceas se caracteriza por ser de plantas perennes y en su mayoría bulbosas. Son monocotiledóneas (a diferencia de la mayoría de hortalizas, que son dicotiledóneas) y se encuentran en todo el mundo. La mayoría presenta hojas en forma de cinta. Entre las ornamentales se incluyen los narcisos, los campanilleros de nieve y las amarilis. Entre las hortalizas de esta familia encontramos el ajo, el puerro, el cebollino y la cebolla.

FAMILIA: CUCURBITÁCEAS

Las cucurbitáceas agrupan unas 800 especies comúnmente conocidas como calabazas o cucurbitáceas. En general, se cultivan mejor en regiones cálidas del mundo y tienen un importante valor económico. Entre las favoritas están el pepino, el melón, la sandía, la calabaza y el calabacín.

FAMILIA: SOLANÁCEAS

Las solanáceas se conocen como la familia de la dulcamara. Muchas contienen solanina, un alcaloide que actúa como insecticida natural mientras la planta crece. Esta familia incluye plantas como la belladona (*Atropa belladonna*, véase la página 74) y el tabaco. Entre las hortalizas están los tomates, que adoran el calor, los pimientos, los chiles y las berenjenas. Las patatas también pertenecen a esta familia, aunque no requieren tanto calor. Consejo: cuando las patatas se vuelven verdes, es señal de que han producido más solanina y por lo tanto son tóxicas.

FAMILIA: FABÁCEAS

Las plantas de la familia de las fabáceas son fundamentales en el huerto. Todos sus miembros producen "frutos" o legumbres, como las inevitables judías y guisantes. Todas tienen semillas dentro de una vaina. También se incluyen los garbanzos, las lentejas y la soja. Las leguminosas suelen establecer una relación simbiótica con bacterias fijadoras de nitrógeno, y muchas se utilizan como cultivos de cobertura, como el trébol rojo (*Trifolium pratense*) y la alfalfa (*Medicago sativa*).

FAMILIA: ASTERÁCEAS

¡Qué familia tan extensa! Contiene más de 20.000 especies de hierbas, hortalizas, arbustos, flores, trepadoras y árboles (y todas florecen). Están presentes en todo el mundo e incluyen a la querida margarita (*Bellis perennis*), así como al áster, el crisantemo, el cardo y la dalia. Entre las especies comestibles destacan la lechuga, la escarola, el estragón, la alcachofa y los girasoles. Las flores de las asteráceas tienen la clásica forma de margarita.

FAMILIA: APIÁCEAS

El término *apiáceas* proviene de la palabra *apium*, que utilizó por primera vez Plinio el Viejo (hacia el año 50 d. C.) para referirse a una planta parecida al apio. Estas plantas suelen tener tallos huecos y desprender un aroma característico, con flores dispuestas en inflorescencias umbelíferas (en forma de paraguas, véase la página 12). Entre sus miembros están el apio, el cilantro, el perejil, el hinojo y las zanahorias. El *Apium prostratum* es originario de Australia y Nueva Zelanda, y fue utilizado por el capitán Cook y su tripulación del Endeavour para prevenir el escorbuto.

Tipos de suelo

Necesitaremos un gusano

Si queremos un terreno fértil, ayuda tener uno o dos gusanos… o quizás un par de miles. Pueden parecer muchos, pero los estudios demuestran que incluso un suelo pobre puede albergar miles por cada media hectárea, y un suelo fértil, un millón o más. Puede que sean hermafroditas sin brazos, patas ni esqueleto, pero los gusanos se consideran auténticos ingenieros del ecosistema: mejoran la calidad del suelo añadiendo nutrientes y facilitando la oxigenación. No tienen ojos, pero pueden percibir vibraciones, algo que Charles Darwin descubrió al colocarlos sobre un piano y observar cómo comenzaban a excavar mientras él tocaba.

¿Resbaladizo, jabonoso o arenoso?

Arcilloso: denso y pesado, compuesto por partículas diminutas que retienen los nutrientes y la humedad. Le cuesta calentarse en primavera. Tiene un mal drenaje; es frío y húmedo en invierno, y seco y duro en verano. Al tacto es graso y pegajoso cuando está húmedo. Añadimos materia orgánica para mitigar estos problemas.

Arenoso: ligero e inconsistente, formado por partículas grandes, lo que implica que drena con demasiada facilidad y no retiene ni la humedad, ni los nutrientes ni la materia orgánica. Suele ser ácido. Al tacto se siente polvoriento. Conviene añadir fertilizantes orgánicos y materia orgánica, aunque hay que tener en cuenta que los suelos arenosos pierden más nutrientes y carbono con el tiempo que otros tipos de suelo.

Franco limoso: compuesto por partículas de tamaño medio, fértil y relativamente ligero. Drena más rápido que la arcilla, pero se compacta fácilmente. Tiene una textura algo jabonosa y resbaladiza. Añadimos materia orgánica para contrarrestar estos inconvenientes.

Margoso: mezcla equilibrada de arcilla, arena y limo. Es fácil de trabajar. Aun así, suele estar compuesto principalmente de arcilla o de arena.

Turboso: en su mayoría está compuesto por materia orgánica. Muy fértil y con gran capacidad de retención de humedad. Ligeramente ácido. Rara vez se encuentra en jardines.

Cretoso: suelos ricos en cal, compuestos sobre todo por carbonato cálcico. Suelen ser alcalinos.

La planta, el lugar y el terreno adecuados

Las plantas tienen preferencias distintas cuando se trata del suelo. El pH del terreno (ya sea ácido, alcalino o neutro) influye mucho, ya que afecta la disponibilidad de nutrientes en el suelo. Un kit de análisis nos dará resultados en cuestión de minutos. La ciencia que hay detrás de todo esto se basa en una ecuación:

$$pH = -\log [H+]$$

La *p* proviene de *Potenz*, el término alemán para «energía» o «potencia», y la *H* es de hidrógeno; por lo tanto, la ecuación es una abreviatura de «potencia de hidrógeno». Es un indicador inverso, así que cuantos más iones de hidrógeno haya en el suelo, más ácido será y menor será la puntuación. El agua pura tiene un pH de 7, que se considera el punto neutro.

Les gustan los suelos ácidos	Camelia
	Arándano
	Azalea
	Brezo
	Magnolia

Les gustan los suelos alcalinos	Clemátide
	Clavel
	Campánula
	Geranium
	Lavanda

El «padre de la ciencia de los suelos»

El geólogo ruso Vasili Dokucháyev (1846-1903) fue el primero en ver el suelo como un sistema vivo y como una ciencia biológica. Entendió que no se trataba de un conjunto de piedras muertas, sino de la base de un sistema vivo, formado por una combinación de clima, organismos, topografía, tiempo y, por supuesto, roca madre. Incluso tiene un cráter en Marte que lleva su nombre, además de la ciudad ucraniana de Dokucháievsk.

Pelargonium

A por las herramientas

El juego de herramientas clásico del jardinero

1. Horquilla, para plantar y escardar
2. Azadilla, para plantar y escardar
3. Ahoyadora, para hacer hoyos
4. Cuerda de alineación, para hacer hileras rectas
5. Cuerda y etiquetas, para atar las etiquetas correspondientes de las plantas
6. Tamiz, para obtener tierra fina para sembrar semillas
7. Tijeras de podar, para ramonear y podar
8. Regadera
9. Rastrillo, para nivelar y limpiar el terreno, y hacer surcos para las semillas
10. Rastrillo de púas, para oxigenar el césped y recoger hojas
11. Escardillo, para escardar entre plantas
12. Azada, para escardar y limpiar
13. Pala, para cavar, plantar y romper la tierra
14. Horca, para cavar y airear el suelo
15. Cortasetos, para perfilar y podar arbustos
16. Carretilla
17. Cortacésped (si tenéis césped)

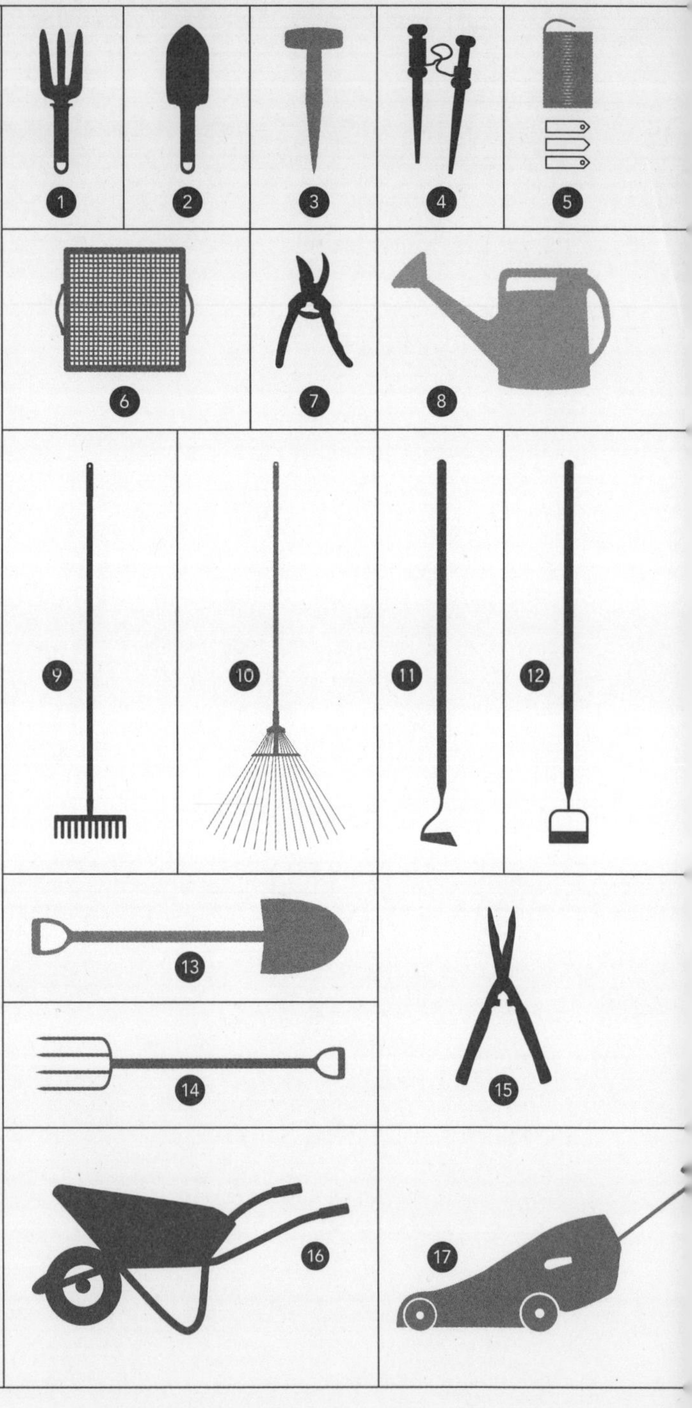

La ingeniosa regaderita

La regaderita se utilizó en Europa desde el siglo XIII hasta el XVII para la difícil tarea de regar suavemente semillas y plantones jóvenes. Estas regaderas de cerámica, mucho más pequeñas que las actuales, tenían pequeños agujeros en la base y un cuello estrecho con la punta del tamaño de un pulgar. La regadera se sumergía en el agua y se llenaba por la base. La salida del agua se controlaba con el pulgar. Sin duda, ha llegado el momento de recuperarla.

«Quien bien quiere trabajar, sus herramientas debe afilar».

Confucio (551-479 a. C.), filósofo chino

Herramientas raras pero eficaces

Enderezador de pepinos: según indica en la lata, hecho de vidrio, década de 1880.
Azadilla para helechos: larga y delgada, para cavar entre rocas.
Escardador de lechuguillas: largo y fino, para arrancar este tipo de raíces.
Zuecos de jardinería con púas: para airear el césped.
Azadilla para tulipanes: holandesa, naturalmente, con el extremo mellado.

La «canción de la azada»

La azada que guardamos en el cobertizo del jardín puede parecernos de lo más común, pero para los sumerios, que vivieron entre el 4000 y el 1700 a. C. en Mesopotamia —la actual zona sur de Irak—, fue una herramienta extraordinaria que les transformó la vida. La consideraban un regalo del cielo, tal cual, y la «canción de la azada» es un mito sumerio de la creación que describe cómo el antiguo dios Enlil la utiliza (es de oro y tiene una hoja de lapislázuli) para crear la luz del día y moldear los ladrillos con los que dará forma al ser humano civilizado. Enlil forja muchas más, para que todos puedan cultivar el mundo.

Herramientas de Japón

Hori hori: la traducción es «cavar» en japonés. Se trata de un cuchillo de doble filo, con un lado dentado y otro liso. Se utiliza para escardar, trasplantar, cortar y cavar.
Tijeras de bonsái: tijeritas diseñadas para dar forma al bonsái.
Brocha shuro: brocha hecha con fibras de palmera, utilizada para barrer alrededor del bonsái y otras plantas en maceta.

Jardines mágicos

A la luz de la luna

¿Cómo crear un jardín nocturno? Todos aspiramos a la grandeza, y quizá por eso pensemos en el Jardín de Luz de Luna del Taj Mahal, en la India, que refleja su belleza en un gran estanque. Podemos inspirarnos en él para jugar con reflejos, sonidos y fragancias; con una iluminación suave; un paisaje sonoro relajante; y plantas que atraen mariposas nocturnas y desprenden aromas deliciosos. Probemos con madreselva, tabaco silvestre (*Nicotiana sylvestris*), alhelí amarillo y jazmín. Elijamos flores de colores claros, como una clemátide trepadora blanca. Y no olvidemos incluir una zona de descanso suavemente iluminada (perfecta para contemplar las estrellas).

«Si miras en la dirección correcta, verás que el mundo entero es un jardín».

Frances Hodgson-Burnett, escritora angloamericana, *El jardín secreto* (1911)

El Taj Mahal, en la India

Al estilo de Alicia en el país de las maravillas

- Estatuas de flamencos que hacen de mazos de cróquet
- Pelotas de cróquet con forma de erizos
- Gente disfrazada de naipes
- Rosas blancas y pintura roja
- Una reina
- Una sonrisa muy grande que, cuando se disipa la niebla, es de un gato

Al estilo de Eduardo Manostijeras

Si queremos emular el fantasioso jardín de esta película de 1990, necesitaremos arbustos recortados según el arte topiario por todas partes, colocados unos junto a otros y representando personas, animales y objetos de todo tipo. Fácil si tenemos manos de tijera, pero la mayoría de nosotros necesitaremos podadoras.

Alicia y su «mazo de cróquet»

¿Sabes guardar un secreto?

La idea de un jardín secreto es, sin duda, mágica, con un toque de lo prohibido, de misterio y de intimidad absoluta. Para crear uno, se necesita imaginación y alejarse del terreno conocido (zarzas y variedades habituales). Es esencial que el lugar secreto sea diferente del resto del jardín. Si somos ambiciosos, cavar para obtener una zona hundida puede ser ideal. Esto permite, por supuesto, tener un acceso oculto, y un portón *trompe l'oeil* cubierto de hiedra podría quedar muy bien. Pensemos en un arco, un seto doble o, simplemente, una puertecita estrecha. ¡Un paso, y ya estamos dentro! Llenemos el espacio de plantas y elementos encantadores: sillas cómodas, cantos rodados, agua, hierbas que susurren, flores perfumadas, formas fantásticas. Pero no se lo contemos a nadie: es un secreto.

Gnomos y hadas

Los «duendecillos» de Alemania

El humilde gnomo de jardín, adorado y odiado probablemente por un número igual de jardineros en todo el mundo, tiene bastante historia. En general, hoy en día se ven como figuritas graciosas, enanos masculinos con gorro puntiagudo, que añaden un poco de humor al jardín. Pero se remontan, con esas mejillas sonrosadas y esas barbas blancas, a la Selva Negra de Alemania a comienzos del siglo XIX. Se los veía como «duendecillos», en realidad una especie de hadas, que ayudaban en las minas y en las granjas. Las dos guerras mundiales hicieron que su fabricación y popularidad disminuyeran, pero en la década de los setenta del siglo pasado hubo un resurgimiento de los gnomos de jardín. Actualmente, por lo visto, solo en Alemania hay 25 millones de gnomos..

Entre gnomos anda el juego

Incluso en un país como Inglaterra, famoso por sus excentricidades, Sir Charles Isham (1819-1903) destaca por ser especialmente rarito. Isham era desarrollador rural y espiritista, y pasó cincuenta años, desde 1847, cultivando su jardín en Lamport Hall, en el condado de Northamptonshire. Pero fueron sus estructuras de roca las que lo hicieron famoso: un mundo de montañas en miniatura, poblado por figuritas que representaban a los Berggeister, o espíritus de la montaña, de Alemania. Son un grupo increíble: algunos son mineros que hacen huelga, otros levantan pancartas con reivindicaciones, mientras que otros parecen pasar el rato. Isham no veía a sus gnomos como seres imaginarios o mitológicos; creía que realmente tenían vida y que eran fenómenos ocultos. Así fue como los gnomos llegaron a Gran Bretaña

«¿No basta con ver que un jardín es bonito sin tener que creer que también hay hadas en su fondo?»

Douglas Adams, escritor inglés, *Guía del autoestopista galáctico* (1978)

La reina de las hadas

Los imprescindibles de un jardín de hadas

El truco es intentar atraer un hada buena a nuestro jardín, para que nos traiga suerte y continuemos una tradición folclórica que se encuentra por toda Alemania, Francia, Escandinavia, Gran Bretaña e Irlanda. Aquí tenemos lo que necesitamos:

- Musgo sobre el que bailar
- Una bonita casa de árbol
- Una distinguida puerta principal
- Senderos sinuosos
- Pequeños puentes de losas
- Setas
- Estanques y, preferiblemente, una noria

Xerocomus communis

Semillas de supervivencia

Semillas para conmemorar

¿Qué plantas introdujeron los africanos esclavizados en las Américas, después de ser obligados a abandonar su tierra natal? ¿Qué cultivaban en sus huertos y jardines? ¿Cómo eran las plantas que usaban para cocinar y como remedios tradicionales? Estos son algunos de los temas que se exploraban en la exposición «Semillas de Supervivencia y Conmemoración» de los Jardines Botánicos Cornell, en el interior del estado de Nueva York. Las plantas de múltiples funciones que menciono a continuación se han utilizado para alimentarse y para sanar, y también han terminado formando parte de la vida moderna.

Carilla (*Vigna unguiculata*)
Se trata de una judía originaria del África occidental. Esta legumbre alimentó a millones de africanos a bordo de los barcos negreros y, más tarde, en Estados Unidos, los esclavos la cultivaron en sus huertos. Un plato tradicional afroamericano, llamado Hoppin' John, se prepara con judía de carilla, codillo ahumado o panceta, cebolla, especias y col rizada; se consideraba que traía buena suerte y prosperidad en Año Nuevo.

Okra (*Abelmoschus esculentus*)
Verdura utilizada en la cocina africana desde hace miles de años. La okra cruzó el Atlántico en los barcos negreros y se cultivó en huertos domésticos. Es el colmo de la versatilidad: se puede asar con tomates, empanar, freír, confitar o añadir a guisos. Los esclavos tomaban okra hervida en caldo de pollo para combatir los resfriados, y la flor de okra se aplicaba sobre los forúnculos.

Capsicum annuum

Col (*Brassica oleracea*)
Esta verdura de hoja verde era cultivada por los esclavos en sus huertos. Las hojas se cocían a fuego lento con panceta o codillo. También se usaban para tratar los forúnculos y la pleuresía.

Sorgo (*Sorghum bicolor*)
Este cereal se cultivó por primera vez en Sudán hace miles de años. El sorgo se sembraba en América para preparar pasteles, pan y gachas. También se utilizaba para endulzar medicinas.

Mijo perla (*Pennisetum glauca*)
Alimento básico en África, el mijo perla se plantaba en los alojamientos de los esclavos. Con su harina se hacían pasteles y pan.

Pimiento de Cayena (*Capsicum frutescens*)
Un chile que crece silvestre en África desde hace siglos y que hoy en día se cultiva con fines comerciales. Es un ingrediente clave de la salsa picante peri-peri, una palabra que proviene del suajili: *piri-piri*.

Un árbol muy poco común

Tradición de hace siglos, el árbol de botellas proviene de algunas zonas de África, como la República Democrática del Congo. Se cuelgan botellas de las ramas desnudas de los árboles, o se dejan en equilibrio sobre ellas, como método para redirigir a los malos espíritus. Objetos encontrados, como sillas y pipas, solían decorar los jardines como recurso para atraer a los espíritus ancestrales. Los árboles de botellas llegaron a América a través de los africanos esclavizados. A menudo muestran cristales de color azul y pueden verse en jardines del sur de los Estados Unidos.

«El algodón era un cultivo principalmente comercial, pero también lo utilizaban las mujeres esclavizadas embarazadas para inducir el parto. El algodón es la planta más cruel para estas personas y, aun así, supieron encontrarle un uso útil».

Jakara Zellner, codirectora y embajadora del programa Aprender Liderando, de los Jardines Botánicos Cornell

Musa cultivar
«Enano brasileño»

Capítulo 3

Naturaleza cautivadora

El mundo natural hace que la jardinería y el paisajismo parezcan fáciles. He aquí una exploración de la manera, a veces misteriosa, en que las plantas —ya sean hierbas diminutas o árboles imponentes— se relacionan entre sí y con el mundo en general, creando hábitats intrincados y paisajes fascinantes.

Las aves y las abejas

¿Qué son los polinizadores?

Un polinizador transporta polen de flor en flor, o dentro de una misma flor, lo que permite la fertilización. Entonces, ¿cuáles son los polinizadores?

- Abejas y avispas
- Escarabajos
- Mariposas
- Colibríes y otras aves
- Polillas
- Sírfidos y otros abejorros
- Ratones
- Lagartijas, lagartos y otros escíncidos
- Pequeños crustáceos (cochinillas, etc.)
- Murciélagos tropicales y otros mamíferos
- Seres humanos (cuando empuñan un pincel muy fino) y drones
- Viento y agua
- Y, por supuesto, las que se autopolinizan

Cómo ven el mundo las abejas

Para ver el mundo con ojos de abeja, hay que eliminar el concepto de «rojo». Y eso es solo el principio. Mientras que nosotros vemos colores en un espectro de rojos, verdes y azules, ellas, en cambio, perciben el azul, el verde y la luz ultravioleta. Incluso existe un color llamado «púrpura de abeja», que es una combinación de amarillo y luz ultravioleta (que nosotros, por supuesto, no podemos ver). Eso convierte la vista de un macizo de flores en una experiencia casi psicodélica, con flores que parecen brillar. Muchas flores reflejan luz ultravioleta que, para una abeja, parece una pista de aterrizaje, guiándola hacia el polen y el néctar. Bueno para la abeja y bueno para la flor. ¡Qué simbiosis!

Cómo ve una abeja (a la izquierda) la flor ave del paraíso (*Strelitzia reginae*) (a la derecha)

El *Bombus dahlbomii*, uno de los abejorros más grandes del mundo, a tamaño real

El zumbido

Los abejorros hacen una especie de danza cuando se trata de polinizar. Una abejorro hembra puede hacer vibrar su cuerpo para hacer caer el polen de una flor; luego lo frota con su cuerpo peludo y lo recoge con unas cestillas en las patas llamadas corbículas. A esto se le llama, con razón, polinización por zumbido. La mayor parte del polen se destina al nido para alimentar a las larvas de abejorro, pero una parte se transferirá a la siguiente flor.

¡Salvemos a los polinizadores!

- Tengamos siempre plantas en flor.
- Plantemos flores que desprendan fragancia por la noche; atraerán a las polillas.
- Plantemos en grupos de tres o cinco especies, y muchos tipos de flores.
- Las hierbas y flores silvestres son las preferidas de los polinizadores.
- Con variedades de una hilera de pétalos, las abejas accederán mejor al néctar y al polen.
- Dejemos un platito con agua y piedrecitas como plataforma.

Theobroma cacao

El cacao: un cliente difícil

El árbol del cacao (*Theobroma cacao*) parece haberse complicado la vida. Sus pequeñas flores rosadas y blancas brotan directamente del tronco. Cada pétalo se curva formando una especie de capucha que encaja sobre la estructura masculina encargada de producir el polen. Todo es tan diminuto que no tiene sentido implicar a un insecto tan grande como una abeja. En cambio, unas diminutas mosquitas del género *Forcipomyia* se introducen dentro de la capucha; sin embargo, los científicos no saben con certeza qué hacen allí dentro (no hay néctar). Luego salen y buscan otro árbol de cacao para polinizar. No es de extrañar, pues, que en muchos lugares los índices de polinización sean lamentables: se calcula que solo una de cada 400 o 500 flores (que apenas duran uno o dos días) llegará a formar fruto, y únicamente entre un 10 y un 30 por ciento de las mazorcas alcanzará la madurez. Todo esto hace que uno aprenda a valorar un poco más esa onza de chocolate, ¿verdad?

Plantas en armonía

10 compañeras para los rosales

1. Lavanda (*Lavandula*): un imán para las abejas, con hojas que ocultarán los tallos bajos de los rosales.
2. Biznaga (*Ammi visnaga*): follaje plumoso y flores blancas y verdes en forma de cúpula que crean un bonito contraste.
3. Cebollino (*Allium schoenoprasum*): miembro de la familia de las cebollas, se dice que repele a los pulgones y reduce las enfermedades fúngicas.
4. Hierba de plumas (*Stipa tenuissima*): hierba fina que aporta movimiento y estructura.
5. Salvia de bosque «Caradonna» (*Salvia nemorosa* «Caradonna»): sus espigas de color púrpura oscuro proporcionan un llamativo contraste de fondo.
6. Margaritas, como la *Argyranthemum* «Margarita Blanco Marfil»: cultivo complementario que también ayudará a cubrir los tallos bajos.
7. Verbena morada (*Verbena bonariensis*): alta y elegante, con flores púrpuras que aportan gracia e interés.
8. Milenrama (*Achillea millefolium*): umbelas blancas y follaje plumoso que puede atraer mariquitas, que oportunamente se comerán los pulgones.
9. Cola de zorro (*Pennisetum villosum*): las flores en espiga, que recuerdan a la cola de un conejo, aportan movimiento.
10. Tulipán (*Tulipa*): una plantación densa añadirá interés al inicio de temporada gracias al contraste de color.

Rosa indica

Tulipa

Las mejores plantas para los polinizadores

- ***Aubretia***: una alfombra de estas flores aromáticas proporciona néctar y polen al inicio de la temporada.
- **Nazareno** (*Muscari*): las llamativas espigas azules, que aparecen a principios de temporada, atraen a polinizadores como la abeja de patas peludas (*Anthophora plumipes*), una de las primeras en salir tras la hibernación.
- **Tabaco ornamental** (*Nicotiana*): su intenso aroma vespertino atrae a las polillas nocturnas.
- **Madreselva** (*Lonicera*): planta trepadora de fácil crecimiento, adorada por polinizadores de lengua larga.
- **Malva** (*Malva*): tanto las malvas comunes como las almizcladas resultan especialmente atractivas para los abejorros y las abejas melíferas.
- **Cardo marino** (*Eryngium*): el cardo marino de flores azules es un imán para la mayoría de abejas y mariposas.
- **Girasol** (esp. *Helianthus*): uno de los favoritos al final de la temporada.
- **Arbusto de las mariposas** (*Buddleja*): muy apreciado por las mariposas adultas. Se recomienda cultivar distintas variedades para prolongar la floración.
- **Hiedra** (*Hedera*): fuente importante de néctar y polen en otoño para abejas, sírfidos y avispas.

Hedera helix

Lonicera

Renaturalización a gran y a pequeña escala

Gestores de humedales

Los castores son roedores, lo cual no parece muy prometedor en cuanto a su capacidad para transformar un paisaje. Sin embargo, desde el punto de vista ecológico, son auténticos ingenieros del ecosistema y una especie clave. Sus diques alteran ríos y arroyos, y crean amplios hábitats de humedal que ayudan a reducir la contaminación y los incendios. Un estudio en los montes Adirondack, en los Estados Unidos, comprobó que su presencia incrementaba en un tercio la diversidad vegetal. Cuando se reintrodujeron castores en Devon, en el Reino Unido, atacaron el denso dosel de sauces, lo que revitalizó los pastizales húmedos y juncales del río Culm. Pero los castores no son bienvenidos en todas partes: son originarios del hemisferio norte y están proscritos en países como Nueva Zelanda.

Castor canadensis

Picor en tu jardín silvestre de cuento

He aquí un pequeño paso hacia un jardín más silvestre: dejar que crezcan ortigas grandes en un rincón. Esta planta bastante dolorosa pero heroica, *Urtica dioica*, es un recurso clave para la fauna. Es la planta de la que se alimentan las orugas de la mariposa atalanta (*Vanessa atalanta*), la mariposa de la ortiga (*Aglais urticae*), la cardera (*Vanessa cardui*) y la mariposa C-blanca (*Polygonia c-album*). Las mariquitas acudirán a devorar los pulgones que se refugian allí, y los pájaros granívoros disfrutarán de sus semillas en otoño. Además, las ortigas son un excelente fertilizante natural, y sus tallos (una vez eliminados los pelos urticantes) se pueden torcer para hacer cordeles.

Vanessa atalanta
Aglais urticae
Urtica dioica

Todo es cuestión de cascadas tróficas

Cascada trófica es el término ecológico que se refiere a cómo la renaturalización afecta al entorno. Describe el efecto en cadena de los cambios que se producen en todos los niveles tróficos (las categorías jerárquicas de la cadena alimentaria de un ecosistema). El ejemplo más famoso es la reintroducción de lobos en el Parque Nacional de Yellowstone, en Norteamérica, que ayudó a controlar la población de uapitíes; esto redujo el número de herbívoros y permitió que las orillas se cubrieran de nuevo de árboles y arbustos. Las plantas son productoras y están en el primer nivel trófico: se verán afectadas por la renaturalización y, a su vez, la influirán de mil formas distintas. Una cascada trófica puede ser tan grandiosa como la de los lobos de Yellowstone, o tan modesta como un nuevo estanque de jardín para la fauna: atraerá ranas, que comerán babosas, que comerán menos hojas de nuestras plantas.

Demos un poco de tregua al césped

Si nuestro césped es de esos que se cortan con regularidad, cada domingo desde hace años, probablemente hemos creado el hábitat perfecto para varias especies de flores silvestres, entre ellas algunas que pueden vivir durante años sin florecer, formando una roseta de hojas a ras de suelo. También se conocen como «malas hierbas del césped» e incluyen las margaritas (*Bellis perennis*), el llantén menor (*Plantago lanceolata*) y la hierba del halcón (*Hypochaeris radicata*). También forman parte de este grupo plantas rastreras, como la consuelda menor (*Prunella vulgaris*) y la verónica rastrera (*Veronica repens*). Si nos tomamos unas vacaciones del cortacésped, sentémonos y observemos cómo el césped se transforma en un prado de flores silvestres lleno de color.

No hace falta un ñu para renaturalizar, si bien ayuda...

El ñu azul (*Connochaetes taurinus*) es el alma del Serengeti, una sabana de 30.000 kilómetros cuadrados en Tanzania, ya que son estos animales los que lideran, de julio a octubre, lo que se conoce como la "gran migración". Se trata del desplazamiento de dos millones de ñus azules y 700.000 herbívoros de otras especies por toda la llanura en busca de alimento. Desde hace siglos, este fenómeno ha mantenido sano al Serengeti, un lugar que actúa como sumidero de carbono (véase la página 108). A mediados del siglo XX, los virus del ganado redujeron la población de ñus a tan solo 300.000, lo que provocó que la llanura se llenara de vegetación asfixiante. A su vez, esto contribuyó a un aumento drástico de los incendios. En lugar de absorber y almacenar carbono, el Serengeti se convirtió en emisor de gases de efecto invernadero. El control de las enfermedades ayudó a recuperar la población de ñus y a restablecer el equilibrio de la llanura; así, en menos de una década, volvió a desempeñar su función reguladora como sumidero de carbono.

Rhododendron ponticum

¡El bisonte ha vuelto!

Y esto es una buena noticia para los pastizales. El bisonte americano (*Bison bison*) y su primo europeo (*Bison bonasus*) fueron cazados casi hasta la extinción. Hoy en día, en Europa, el bisonte ha sido reintroducido en Alemania, Suiza, Polonia, Bielorrusia, Lituania y, en julio de 2022, también en el Reino Unido. En los Estados Unidos, este animal —considerado un símbolo nacional— ha vuelto a hacer del rancho su hogar una vez más. Los bisontes son grandes ramoneadores de arbustos, zarzas y árboles, por lo que ayudan a despejar los pastizales. En el Reino Unido, pocas horas después de ser liberados en un antiguo bosque cerca de Canterbury, los bisontes ya estaban pisoteando y destrozando al invasivo *Rhododendron ponticum*.

Bison bison

Babosas y plantas

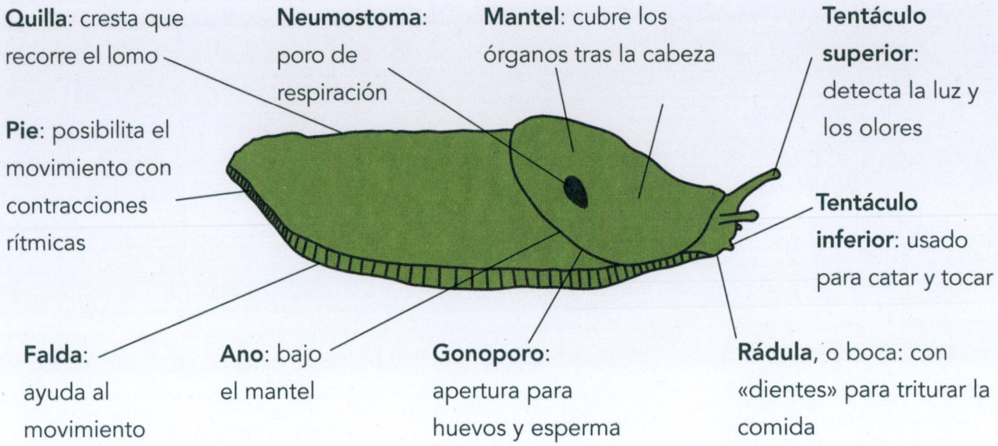

Datos sobre las babosas

- Las babosas son hermafroditas (es decir, tienen tanto órganos sexuales masculinos como femeninos), pero a menudo se aparean igualmente.
- Cada babosa pone más de treinta huevos varias veces al año.
- Tienen miles de dientes microscópicos que crecen y se reemplazan constantemente.
- «Olfatean» con el tentáculo superior y lo usan para buscar comida.
- Pueden vivir varios años.
- Dejan un rastro baboso y con olor que les ayuda a seguir sus propios «pasos».
- Son lentas: la más rápida de todas (*Deroceras invadens*) alcanza tan solo 0,016 km/h.
- Pueden estirarse hasta hacerse veinte veces más delgadas y así colarse por pequeñas rendijas.

¿Plaga o guerrera ecologista?

Las babosas siempre han tenido muy mala fama entre los jardineros. Y eso es porque les gusta roer vegetales, dejando hojas de plantas como las *Hosta* reducidas a una serie de agujeros unidos por fibras verdes. Pero ¿realmente podemos culpar a las babosas por comer? Si lo miramos desde otra perspectiva, son una parte importante del ecosistema. Sí, se comen algunas hojas que nos encantaría mantener intactas, pero en general se alimentan de materia en descomposición. Por tanto, se las puede ver como guerreras ecologistas: recicladoras empedernidas que destacan en deshacerse de materia muerta y que, como suele ocurrir en el ciclo natural de la vida, a su vez son una fuente de alimento para aves, ranas y erizos.

Haciendo la babosa

Podemos ver a la mayoría de babosas que encontramos en el jardín como guerreras ecologistas, aunque queramos proteger nuestras plantas. Consultemos, por así decirlo, la sabiduría de Sunzi, general y filósofo de la antigua China, que dijo que todos deberíamos conocer a nuestro enemigo. Las babosas son relativamente fáciles de entender. Suelen alimentarse por la noche y pasan el día en lugares húmedos y oscuros. Son devoradoras voraces que pueden ingerir diariamente hasta cuarenta veces su peso. Sabemos que, al caer la noche, saldrán en busca de comida.

Antes de que empiece la batalla, es importante recordar que nunca nos libraremos totalmente de las babosas. Son hermafroditas que se reproducen muchas veces al año. Hagamos lo que hagamos, siempre habrá babosas en nuestro jardín. Siempre nos superarán en número.

Entonces, ¿cómo ser más listo que un enemigo así?

Buscar y eliminar
Salgamos por la noche con una linterna y busquemos en todos los lugares obvios (debajo de hojas, etc.). Las investigaciones han demostrado que hay que alejar a una babosa unos veinte metros para evitar que «vuelva a casa». El típico método de lanzarlas al jardín del vecino tampoco es muy sensato. Otra opción sería trasladarlas a la pila de compost, donde pueden servir de ayuda alimentándose.

Escudo verde
Se cree que a las babosas no les gustan algunas plantas, como por ejemplo la menta, el cebollino, el ajo, los geranios, la dedalera y el hinojo. Podemos plantarlas alrededor de las plantas especialmente vulnerables (como la lechuga).

El «cinturón de acero» de la horticultura
- Hollín mezclado con ceniza de madera y cal
- Cáscaras de huevo y conchas con bordes afilados
- Arena, grava, tierra
- Cáscaras de frutos secos trituradas
- Agujas de pino
- Pelo de mascotas o cabello humano; lana de oveja
- Serrín

Estos métodos han funcionado en algún momento, ya que forman parte del saber popular, pero algunos estudios (y muchos jardineros) también nos dirán que no son barreras eficaces.

Resistencia subrepticia
Si añadimos el nematodo *Phasmarhabditis californica* al suelo, mantendrá a raya a las babosas durante unas cuantas semanas.

La increíble vida de un árbol

Los árboles más viejos del mundo

Árboles no clónicos

Matusalén, pino longevo americano (*Pinus longaeva*), en la Gran Cuenca, en las Montañas Blancas de California, Estados Unidos: 4.855 años.

Alerce Milenario (también conocido como el Bisabuelo), alerce de Chile (*Fitzroya cupressoides*), en el Parque Nacional Alerce Costero, Chile: al menos 5.000 años.

Jaya Sri Maha Bodhi, higuera pipal (*Ficus religiosa*), en Anuradhapura, Sri Lanka: se dice que proviene de la higuera bajo la cual Buda alcanzó la iluminación espiritual. El árbol vivo más antiguo jamás plantado: 2.311 años.

Árboles clónicos

Haya antártica (*Nothofagus moorei*), Parque Nacional Springbrook, Queensland, Australia: tres árboles de aproximadamente 2.000 años que son los progenitores de otros árboles del bosque. Edad clónica: menos de 70 millones de años.

Pino de Wollemi (*Wollemia nobilis*), Parque Nacional Wollemi, Nueva Gales del Sur, Australia: se creía extinto hasta que fue descubierto en 1994. Colonia clónica: 60 millones de años.

Pando, álamo temblón (*Populus tremuloides*), en el Bosque Nacional Fishlake, estado de Utah, Estados Unidos: 43 hectáreas de bosque con 47.000 ejemplares que se regeneran continuamente, con troncos individuales de más de 130 años. El organismo más pesado del mundo, con un peso de 6.000 toneladas. Edad clónica: entre 14.000 y 18.000 años.

¿Clónico o no clónico?

Los árboles clónicos son genéticamente idénticos y comparten la red de raíces. En una colonia clónica, puede haber miles de ejemplares que se consideran un solo organismo. Los árboles no clónicos son organismos únicos, sin duplicados genéticos.

¿Esto es un árbol o un hotel para fauna salvaje?

Los árboles son hábitats ecológicos verticales, y cuanto más viejos, mejor, ya que las grietas del tronco, las ramas intrincadas y el follaje ofrecen a la fauna salvaje alimento y refugio. Un viejo roble inglés (a la derecha) puede atraer unas 1.178 especies de invertebrados, entre las cuales al menos 250 dependen exclusivamente del roble. Alberga 38 especies de aves: colirrojo real, zorzal, mosquitero silbador, herrerillo común, carbonero común…

Quercus robur

El imponente roble inglés

Flores: en amentos (racimos colgantes) o en florecillas de un marrón rosado que sirven de alimento a las ardillas rojas y grises, y a muchos insectos, entre ellos la polilla *Catocala sponsa*, que depende totalmente de los robles. El polen también es muy apreciado por las abejas, como la abeja minera del roble (*Andrena ferox*), que se alimenta casi exclusivamente de polen de roble.

Fruto: hay 31 mamíferos distintos que comen bellotas; por ejemplo, el tejón, el ciervo, el jabalí, la ardilla y el ratón de campo. Entre las aves están el pito real, la grajilla, el agateador y el arrendajo.

Hojas: entre las orugas que se alimentan exclusivamente de hojas de roble se encuentran la mariposa *Neozephyrus quercus*, la polilla *Cymatophorina diluta*, la gran belleza del roble (*Hypomecis roboraria*) y la *Griposia aprilina*. Las hojas recién brotadas atraen a los pulgones, que producen mielatos, una delicia para las hormigas de la madera. (Las hormigas trepan hasta la copa para seguir a los pulgones roble abajo.) La araña *Philodromus praedatus* vive principalmente en los robles.

Corteza: agujeros y grietas sirven de refugio para barbastelas y ratoneros forestales, y para aves como el trepador azul y el carbonero palustre. Esta corteza rugosa también atrae a invertebrados como escarabajos, mariposas, polillas y hormigas. Las larvas del gusano rojo (*Cossus cossus*) se introducen en el tronco. Bajo la corteza también viven escarabajos de la telaraña (*Ctesias serra*) y hormigas *Lasius brunneus*.

Raíces y base del tronco: en la base del tronco viven 108 especies de hongos, tanto en la superficie como bajo tierra. Entre estas especies se encuentran el hongo *Pseudoinonotus dryadeus* y el hongo bistec (*Fistulina hepatica*).

Catocala sponsa

Dendrocopos minor

Quercus robur

Los rayos y los dioses

Los robles atraen más los rayos que la mayoría de otros árboles debido a su alto contenido de agua y al hecho de que a menudo son los más altos. Por eso los antiguos griegos, romanos, eslavos y las tribus teutónicas asociaban el árbol con los dioses supremos Zeus, Júpiter, Dagda, Perun y Thor, que dominaban los truenos y la lluvia. Se creía que los dioses habían dejado el muérdago (*Viscum album*), que crece en las copas de los robles, tras la caída de un rayo.

La mariposa de banda púrpura

La *Neozephyrus quercus* solo vive en robles maduros (*Quercus robur*, *petraea*, *cerris* e *ilex*), con un área de distribución que se extiende por buena parte del Cáucaso, el norte de África y Europa, incluyendo también Gran Bretaña. El macho tiene un brillo púrpura en las alas, mientras que la hembra solo presenta manchas en las alas anteriores. Los huevos, que recuerdan pequeños erizos de mar, se ponen en la base de los brotes del roble en verano. Permanecen allí cerca de ocho meses y eclosionan en primavera. Las orugas se alimentan de brotes y hojas tiernas, y se transforman en crisálidas en la corteza y entre las hojas en descomposición, de donde emergen como mariposas a finales de junio. Se alimentan de mielatos producidos por los pulgones de la copa del árbol y pueden verse persiguiéndose unas a otras, sobre todo en verano, al atardecer.

He aquí el diente de león

¿Qué nos dice un nombre? Muchas cosas, si lo pensamos bien

Esta fiel planta tiene muchos nombres. Su nombre en latín es *Taraxacum officinale*: el nombre del género proviene de la palabra árabe *tarakhshagog*, que significa «hierba amarga», y el nombre de la especie alude a sus usos medicinales y culinarios, ya que la *officina* era la farmacia de un monasterio. El nombre popular «diente de león» viene del francés *dent de lion*: nadie sabe con certeza por qué, aunque se cree que podría referirse a los bordes irregulares de la hoja. En Francia es más comúnmente conocido como *pissenlit* (igual que en Cataluña, *pixallits*), en referencia a sus propiedades diuréticas. Un nombre común en Inglaterra solía ser *pee-the-bed* («mea-la-cama»), una adaptación de un nombre anterior que Nicholas Culpeper (1616-1654) recoge en su *Complete Herbal*: «vulgarmente» se le llamaba «piss-a-beds».

Anatomía de un vilano

El vilano de un ejemplar de diente de león está asociado a muchas costumbres. Hay quienes creen que, si cierras los ojos, pides un deseo y soplas el vilano, el deseo se hará realidad. Otros dicen que eso solo ocurrirá si todas las semillas se dispersan. Estas semillas también se conocen en inglés como *fairy clocks* («relojes de hadas»): el número de semillas que quedan tras soplar el vilano te dirá, apropiadamente, qué hora es en el país de las hadas.

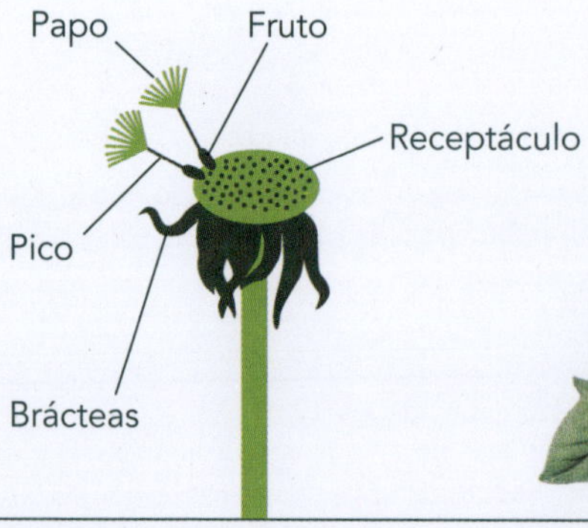

Taraxacum officinale

Cómo comer o beber diente de león

Todas las partes de la planta son comestibles, pero las hojas tiernas pueden ser amargas, por lo que conviene dejarlas en remojo toda la noche en agua. He aquí algunos usos culinarios:

- Infusión con las flores.
- Comer las hojas tiernas en ensalada (receta a la derecha).
- Añadir pétalos de la flor a la ensalada.
- Cocinar las hojas como si fueran una verdura.
- Fermentar las flores para hacer vino.
- Aprovechar la planta verde antes de que florezca para hacer cerveza.
- Trocear o desmenuzar las raíces para la ensalada.
- Tostar las raíces como alternativa al café.

Receta: *Pissenlit aux lardons*

- 750 g de hojas tiernas de diente de león
- 1 chalota grande
- 300 g de chicharrones
- 2 cucharadas de vinagre de vino
- Sal y pimienta
- Opcional: un poco de mostaza de Dijon y aceite

1. Limpiamos las hojas y las añadimos, junto con la chalota (pelada y cortada en dados), a un bol de ensalada.

2. Freímos los chicharrones en una sartén y, cuando estén crujientes y secos, los incorporamos a la ensalada.

3. Añadimos el vinagre a la sartén y vertemos su contenido sobre la ensalada.

4. Salpimentamos al gusto. Mezclamos todo bien. Una pizca de mostaza y aceite, bien mezclados y añadidos a la ensalada, es otra opción.

También podemos hacer lo mismo con una mezcla de diente de león y hojas de achicoria.

¿Amiga o enemiga?

El diente de león ¿es una mala hierba molesta o una superplanta increíble? La respuesta es que ambas cosas, y que todo depende del ojo con que se mire. Para los polinizadores en busca de néctar es un regalo caído del cielo que llega temprano en primavera, con abundancia de polen y néctar, ya que sus cabezuelas contienen cientos de florecillas con forma de brácteas agrupadas en un ramillete. El contrapunto, especialmente para los maniáticos del césped, es que produce muchas semillas: el típico vilano tiene entre 150 y 200 semillas, y siempre hay más de una flor por planta. Además, tiene una raíz principal larga que penetra profundamente en el suelo, y cualquier pequeño trozo es capaz de volver a brotar; por lo tanto, puede parecer casi indestructible.

El carbono y el clima

La C de carbono

Captura de carbono: ese capta el dióxido de carbono (CO_2) del aire y se almacena, por ejemplo, bajo tierra, como estrategia para mitigar el cambio climático.

Ciclo del carbono: el intercambio constante de carbono entre organismos vivos, suelo, rocas, agua y aire es natural. Los seres humanos hemos alterado este ciclo con la quema de combustibles fósiles y la modificación del hábitat natural, lo que ha provocado un aumento significativo del CO_2 en la atmósfera. Las plantas son vitales, ya que absorben CO_2 de la atmósfera mediante la fotosíntesis.

Emisiones de carbono: prácticamente todos los organismos vivos liberan CO_2 a la atmósfera a través de la respiración, la excreción y la descomposición. Los seres humanos incrementamos estas emisiones al quemar combustibles fósiles y mediante procesos industriales y agrícolas.

Cultivo de carbono: agricultura orientada a potenciar e incrementar la captura y el almacenamiento de CO_2. Algunos ejemplos son no labrar los campos y conservar las raíces en el suelo durante todo el año.

Flujo de carbono: la cantidad de carbono que pasa de una «reserva» a otra en un período de tiempo determinado. No puede usarse de forma aislada para indicar efectos netos (por ejemplo, si una práctica beneficia al clima o al equilibrio del carbono).

Huella de carbono: la cantidad total de CO_2 y otros gases de efecto invernadero que genera una persona, una organización o un sector. Incluye tanto las emisiones directas como las indirectas. Existen varias herramientas y ecuaciones que pueden ayudar a calcularla, ya sea a nivel individual o para cualquier grupo u organización.

Neutralidad de carbono: cuando las emisiones equivalen a la cantidad de carbono que se captura y se almacena.

Compensación de carbono: un «crédito» que tanto industrias como organizaciones pueden comprar o generar para compensar sus emisiones de carbono. Los créditos se miden en toneladas de emisiones, con un crédito por cada tonelada de CO_2.

Reserva de carbono: término general que se refiere a todas las cosas o lugares donde puede almacenarse carbono, como los océanos, el suelo, los árboles y las plantas.

Retirada de carbono: la captura, extracción y almacenamiento permanente de carbono de la atmósfera. Un gramo de carbono almacenado durante diez años tiene la mitad del valor de retirada que un gramo almacenado durante veinte años.

Sumidero de carbono: tipo de reserva de carbono que puede absorber más carbono de la atmósfera del que libera. Algunos ejemplos de sumideros naturales de carbono son el suelo, las plantas, los árboles y los océanos.

El sorprendente mangle

Los manglares son biomas de este árbol (*Rhizophora*), tolerante a la sal, o halófitos, que crecen en zonas costeras tropicales y subtropicales. Sus raíces forman enormes y densos matorrales que parecen entramados de raíces y crean una zona de contención entre el agua y la costa. Son superhéroes del carbono, ya que absorben diez veces más carbono de la atmósfera que los bosques del interior. Además, forman una barrera contra la erosión, mejoran la calidad del agua, mitigan el blanqueamiento de los corales y reducen el impacto de las tormentas. Indonesia tiene la población de manglares más extensa del mundo; cubre cerca de 23.000 km^2, aunque esta cifra disminuye debido al aumento de las piscifactorías de gambas y de las plantaciones de palma aceitera.

Coccyzus minor

Rhizophora mangle

Otros árboles carbono-tásticos

Factores que favorecen el almacenamiento de carbono son: troncos gruesos de crecimiento rápido y duradero, y madera densa.

- Pino ponderosa (*Pinus ponderosa*)
- Pi criollo (*Pinus occidentalis*)
- Abeto de Douglas (*Pseudotsuga menziesii*)
- Ciprés de los pantanos (*Taxodium distichum*)
- Roble (esp. *Quercus*)
- Castaño de Indias (*Aesculus hippocastanum*)
- Pícea azul (*Picea pungens*)
- Teca (*Tectona grandis*)
- Tulípero de Virginia (*Liriodendron tulipifera*)
- Plátano de sombra (*Platanus × hispanica*)
- Cornejo (esp. *Cornus*)

Aesculus hippocastanum

Plantar para tener un jardín de bajas emisiones de carbono

Árboles: los árboles de larga vida son una opción magnífica para almacenar carbono y crear un jardín resiliente al cambio climático. Hay que buscar especies resistentes a la sequía y/o que puedan tolerar suelos inundados, y asegurarse de que el tamaño del árbol maduro se ajuste al espacio disponible.

Hierbas, céspedes y plantas perennes: duran más que las anuales y tienen raíces que se fijan al suelo.

Setos y arbustos: plantar un seto también es una buena opción para almacenar carbono; las plantas de tallo leñoso almacenan más carbono que las herbáceas (de tallo no leñoso).

Frutas y verduras: cultivarlas uno mismo implica que estos alimentos recorren menos kilómetros, suponen menos gasto y permiten disfrutar de productos deliciosos cultivados en casa. La mayor parte del carbono se almacena plantando árboles y arbustos frutales permanentes y hortalizas perennes.

Fragaria × ananassa

Brassica oleracea var. *acephala*

Cynara cardunculus var. *scolymus*

Otras estrategias para tener un jardín de bajas emisiones de carbono

Senderos sin pavimentar: cuando se trata de paisajismo duro, hay que buscar maneras de evitar el uso de cemento y optar por senderos de grava, o asegurarse de que haya espacios entre las superficies pavimentadas para minimizar el desperdicio de agua. El agua que va a parar a los sumideros públicos contribuye a las inundaciones en la zona.

Opciones energéticas: conviene usar herramientas alimentadas por baterías. Evitemos los cortacéspedes, recortasetos o sopladores de hojas que funcionen con gasolina o electricidad, salvo que esta última provenga de paneles solares instalados en el tejado.

Compost: ¿estorba la turba? Entonces, tiene sentido hacer nuestro propio montón de compost. Evitad productos comerciales que contengan turba (leed bien las etiquetas); se trata de una materia orgánica presente en los humedales y que puede almacenar más del doble de carbono que un bosque. Cuando se extrae la turba, se libera carbono: en el momento de redactar esto, representa aproximadamente entre el 2 y el 4 por ciento de las emisiones mundiales de CO_2. Si cambiamos a un compost sin turba o elaborsmos el nuestro, ayudaremos a reducir la demanda de turba y a mantener el carbono bajo tierra.

Fertilizantes naturales: hay que usar fertilizantes orgánicos o producirlos a partir de ortigas o de consuelda (*Symphytum*).

Aprovechamiento del agua de lluvia: cada vez que se abre el grifo, se generan emisiones de carbono. Intentemos usar siempre agua almacenada en un depósito (cuanto más grande, mejor), ya que tendrá un impacto significativo.

Kilómetros recorridos: hay que tener en cuenta la distancia que deben recorrer las plantas u otros elementos para llegar a nuestro jardín. Siempre que sea posible, compremos productos locales.

Symphytum asperum

Praderas yesosas y arcillosas

Características del suelo yesoso

- Generalmente poco profundo
- Drenaje fácil
- Poco fértil
- Alcalino, con un pH superior a 7

Flores silvestres para suelos yesosos y calcáreos

- Galio (*Gallium verum*)
- Pimpinela menor (*Sanguisorba minor*)
- Zanahoria silvestre (*Daucus carota*)
- Primavera (*Primula veris*)
- Margarita (*Leucanthemum vulgare*)
- Aciano negro (*Centaurea nigra*)
- Geranio de prado (*Geranium pratense*)
- Orégano (*Origanum vulgare*)
- Linaria común (*Linaria vulgaris*)
- Ulmaria (*Filipendula ulmaria*)
- Brunela (*Prunella vulgaris*)
- Viuda silvestre (*Knautia arvensis*)
- Corona de rey (*Lotus corniculatus*)
- *Anthyllis montana*

Origanum vulgare

Lotus corniculatus

Características del suelo arcilloso

- Difícil de cavar
- Rico en nutrientes
- Retiene bien el agua
- Se calienta lentamente

Flores silvestres para suelos muy arcillosos

- Colleja (*Silene latifolia*)
- Botón de oro (*Ranunculus acris*)
- Bocado del diablo (*Succisa pratensis*)
- Zanahoria silvestre (*Daucus carota*)
- Margarita (*Leucanthemum vulgare*)
- Llantén menor (*Plantago lanceolata*)
- Primavera (*Primula veris*)
- Flor de cuco (*Lychnis flos-cuculi*)
- Acedera (*Rumex acetosa*)
- Arveja silvestre (*Vicia cracca*)
- Milenrama (*Achillea millefolium*)
- Cresta de gallo (*Rhinanthus minor*)

Papaver rhoeas

Daucus carota

Descifrando la selva pluvial

El bosque por capas

Capa emergente: árboles descomunales que alcanzan entre 45 y 75 metros de altura, con ramas y hojas que forman un parasol sobre la densa capa del dosel inferior. Es un lugar lleno de animales y polinizadores, entre ellos perezosos, monos, murciélagos, aves y mariposas. La intensa luz solar puede llegar a quemar las copas. Normalmente, solo unos pocos árboles logran sobresalir por encima del resto. Entre ellos se encuentran la ceiba (*Ceiba pentandra*) y la nuez de Brasil (*Bertholletia excelsa*), cuyo fruto alargado puede alcanzar velocidades de hasta 80 km/h al caer. Entre las flores destacan las orquídeas.

Dosel: es la capa principal y, a entre 20 y 30 metros de altura, está llena de actividad. Esta capa absorbe hasta el 80 por ciento de la luz solar y la mayor parte del agua de lluvia, con hojas y ramas de árboles densos entrelazándose para formar una cubierta casi completa. Entre las plantas se encuentran orquídeas, musgos, helechos, epífitas (plantas aéreas) y gruesas trepadoras (lianas), como la *Philodendron* y la *Strychnos toxifera*.

Sotobosque: a esta capa solo llega entre el 2 y el 15 por ciento de la luz solar. Forma un denso dosel de árboles y arbustos más pequeños, helechos, plantas trepadoras y bananos. La mayoría de las plantas no superan los 4 metros de altura. Relativamente pocas son plantas con flores, pero las que hay suelen ser de colores vivos y muy aromáticas para atraer polinizadores. Parece una floristería compuesta por *Philodendrons*, plantas de la oración (*Maranta leuconeura*), helechos y afelandras (*Aphelandra squarrosa*).

Superficie del bosque: oscuro (solo llega un 2 por ciento de la luz solar) y húmedo, con poco o nada de viento. Hay muy pocas plantas grandes; la mayoría son musgos, helechos y jengibres. Los hongos prosperan en esta capa.

Bosques templados

Cálidos en verano, frescos en otoño y fríos en invierno. Precipitación anual entre 750 y 1.500 mm.

- Apalaches, en el este de EE. UU.
- Fiordland, Westland e Isla Sur, en Nueva Zelanda
- Bosques perennes de Taiheiyo, en Japón
- Bosque Nacional Tongass, en Alaska, EE. UU.
- Bosques templados lluviosos de Valdivia, en el suroeste de Chile
- Bosque lluvioso atlántico (o celta), en la costa occidental de Escocia e Irlanda

Selvas tropicales

Húmedas, calurosas y bochornosas. Precipitación anual entre 2,5 y 4,2 m.

- Amazonas: Brasil, Bolivia, Colombia, Ecuador, Guayana Francesa, Guyana, Perú, Surinam y Venezuela
- Reserva de la Biosfera de Bosawás, en Nicaragua
- Selva del Congo: República Democrática del Congo, República del Congo, Camerún, Guinea Ecuatorial, Gabón, República Centroafricana
- Daintree, en Queensland, Australia
- Parque Nacional del Kinabalu, en Borneo
- Reserva Biológica Monteverde, Costa Rica
- Selvas del sudeste asiático: Indonesia, Borneo y Sumatra

La «flor más grande»

La *Victoria amazonica* es un nenúfar de hojas enormes, con bordes ondulados y curvados hacia arriba, como moldes de pastel verdes y gigantes, que flotan en las aguas poco profundas de la cuenca amazónica. En Brasil se la conoce como *uape jacana* («el nenúfar de la jacana»), y en lengua quechua, *atun sisac* («flor grande»). Las flores flotan entre hojas descomunales y duran entre dos y tres días, volviéndose rosadas una vez han liberado el polen. Las poliniza un tipo de escarabajo que normalmente queda atrapado dentro de la flor durante la noche. Las hojas están ancladas mediante tallos que pueden alcanzar hasta 8 metros de longitud.

¿Los asesinos también pueden ser salvadores?

Los ficus estranguladores, que comprenden varias especies del género *Ficus*, pueden considerarse tanto amigos como enemigos en la selva. Sus semillas pegajosas acaban en la capa del dosel dentro de las deposiciones de los animales. Germinan y se extienden (el exuberante follaje se propaga por todo el dosel) sobre el tronco del árbol huésped, hasta formar un entramado intrincado que puede llegar a asfixiarlo. Cuando las raíces alcanzan el suelo, suelen crecer hasta rodear las raíces del árbol anfitrión. No es de extrañar que estos estranguladores reciban el apodo en castellano de *matapalo*. Ahora bien, en algunas circunstancias, también son salvadores: pueden estabilizar a los árboles y evitar que se derrumben durante las tormentas. Además, son especies clave que proporcionan refugio a murciélagos y aves.

Heliconia densiflora

Las langostas de la selva

Los nombres comunes de distintas especies de *Heliconia* lo dicen todo de forma muy curiosa: se las conoce como pinza de langosta, pico de tucán o falsa ave del paraíso. Su tamaño varía entre 0,5 y 5 metros, con hojas alargadas y lo que parecen ser flores vistosas, pero que en realidad son brácteas. A veces están erguidas, otras veces colgantes, y se presentan en tonalidades tan variadas como el escarlata, el naranja o el amarillo. La mayoría son polinizadas por colibríes, que dependen de estas plantas tanto para alimentarse como para anidar.

Heliconia psittacorum

Bajo el profundo mar azul

En el fondo solo hay una planta marina

Hay cinco tipos de organismos vegetales en el mar (fitoplancton, algas, alga parda, sargazos y pasto marino), pero solo uno es una planta con flores, y es el pasto marino. Es la única planta con flores en el mundo que puede vivir en el fondo del mar. Sus hojas suelen ser delgadas pero muy flexibles, ya que deben «bailar al ritmo» de las olas y las corrientes. El pasto marino dispersa sus semillas flotantes y el polen mediante las mareas y las corrientes, el equivalente al viento en tierra firme. La mayoría de las especies crecen en aguas costeras de entre 1 y 3 m de profundidad, pero hay una, la hojitas de arena (*Halophila decipiens*), que se ha encontrado a 58 m de profundidad. Imaginaos encontrar oxígeno tan abajo (y sin gafas de buceo).

Thalassodendron ciliatum

Callophyllis ornata

Sargassum

Praderas bajo el agua

Las praderas de pasto marino son extensiones de hojas ondulantes que aportan un gran valor a su ecosistema. Una hectárea de pradera marina puede proporcionar hogar a 80.000 peces y a 100 millones de pequeños invertebrados. Son el patio de juegos de todas las crías y muestran una eficiencia fantástica a la hora de capturar carbono. En un día claro, bajo el agua, se pueden ver las burbujas de oxígeno formándose y ascendiendo hacia la superficie. Estas praderas son sumideros de carbono (véase la página 108) que pueden actuar como esponjas gigantes al transferir carbono al fondo marino con una eficacia 35 veces superior a la de los ecosistemas de selva tropical cuando lo transfieren al suelo. Esto las convierte en salvadoras del planeta, pero están en peligro debido a la contaminación, las mareas rojas, el aumento de la temperatura del mar y los temporales.

El dugón depende de ellas

Un ejemplo perfecto del poder del pasto marino se puede encontrar en la Gran Barrera de Coral, donde viven 15 especies que cubren 4,5 millones de hectáreas. Es el ecosistema de pasto marino más extenso del planeta. Las plantas proporcionan alimento a los herbívoros más grandes del arrecife (la tortuga y el dugón, que consumen, respectivamente, 2 y 30 kg de pasto marino al día). Importantes poblaciones de dugones en peligro de extinción (también conocidos como vacas marinas) habitan en el arrecife, y no podrían sobrevivir en esas aguas sin las praderas de pasto marino. Estas plantas actúan como filtro de nutrientes y sedimentos, ya que depuran la contaminación «limpiando» el agua antes de que llegue a las zonas coralinas. A las praderas marinas a menudo se las llama los «pulmones del mar».

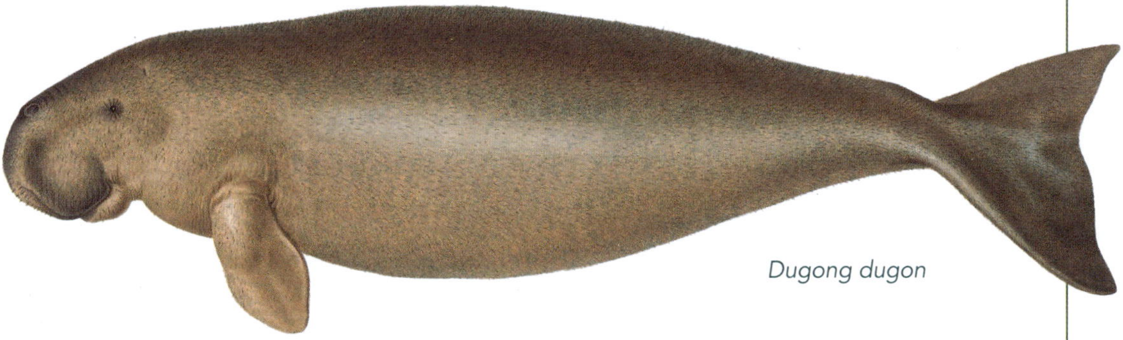

Dugong dugon

Haciendo el murciélago

Datos sobre los murciélagos

- Hay más de 1.300 especies en el mundo.
- Viven en todo el planeta, excepto en el Ártico, la Antártida y algunas islas oceánicas.
- El más grande es el zorro volador (*Pteropus*), con una envergadura de 1,5 m o más, que habita en Asia, África oriental y Australia.
- El más pequeño es el murciélago abejorro (*Craseonycteris thonglongyai*), que pesa 2 g y vive en Tailandia y Birmania.
- La mayoría se alimenta de insectos voladores, pero algunas especies comen ranas, fruta, néctar, polen, peces e incluso otros murciélagos. Y también sangre, por supuesto, como los murciélagos vampiros (*Desmodontinae*).
- Son el único mamífero que puede volar realmente.

Pteropus poliocephalus

Prácticas útiles de los murciélagos

- Algunos murciélagos son polinizadores que vuelan de flor en flor.
- Otros comen miles de insectos por la noche.
- Algunos se alimentan de fruta y, mediante sus excrementos, dispersan las semillas. Los murciélagos frugívoros son los responsables de casi toda la dispersión de semillas de los primeros brotes en selvas deforestadas.

Invitad a los murciélagos a vuestro jardín

- Plantad flores que liberen su fragancia por la noche, así atraerán insectos para los murciélagos insectívoros.
- Instalad una charca.
- Plantad setos lineales o hileras de árboles.
- Colocad cajas nido para murciélagos.
- Reducid la luz artificial.

Un año en la vida de un murciélago

Invierno: los murciélagos hibernan mientras consumen la grasa acumulada desde el verano hasta el otoño. Pueden refugiarse solos o en pequeños grupos, a menudo en árboles viejos, cuevas o edificios abandonados.

Primavera: sus reservas de grasa se agotan al comienzo de la primavera, y en las noches más cálidas pueden sucumbir al hambre y salir en busca de insectos y agua. Los murciélagos migratorios partirán ahora. A finales de primavera, las hembras forman colonias maternales y buscan guarderías para sus crías (normalmente árboles o edificios). Los machos se refugian solos o en pequeños grupos.

Verano: las hembras dan a luz a una sola cría (o a veces más), que alimentan con su leche. Los murciélagos adultos ahora cazan miles de insectos por la noche. A las tres semanas, las crías empiezan a aprender a volar y, hacia las seis semanas, ya saben atrapar insectos. Las colonias maternales se dispersan.

Otoño: es la estación del apareamiento, con los machos emitiendo llamadas especiales, como arrullos, chasquidos y zumbidos, para atraer a las hembras. El otoño también es la estación de la migración o la hibernación. Comienzan a acumular reservas de grasa antes del invierno, y a mediados o finales del otoño empieza el período de letargo, que se va prolongando desde entonces.

Caer en la tierra de la margarita

En México, los murciélagos siempre han tenido una buena relación con el agave tequilero (*Agave tequilana*), que es la planta de hojas largas y espinosas con la que se hace el tequila. Tres especies de murciélagos, todas con una lengua larguísima, se alimentan del néctar del agave, lo cual hacen por la noche, además de polinizarlo al volar de una planta a otra. Es el corazón, o piña, de esta planta suculenta lo que se exprime y fermenta para hacer tequila. El éxito mundial de este licor, elaborado en la tierra de la margarita, ha llevado a que muchos agricultores de México usen plantas clonadas y cosechen antes de que florezcan. Esto no ha sido nada bueno ni para los murciélagos (por la falta de alimento) ni para las plantas (la falta de diversidad genética provoca enfermedades), y todo ello ha dado lugar a una campaña para que la gente compre tequila apto para murciélagos. La polinización de las plantas por parte de murciélagos se llama quiropterofilia. No intentéis pronunciarlo después de un par de chupitos de tequila.

La vida en los márgenes

Al margen

Al igual que ocurre en las costas marítimas, las orillas de los ríos y los senderos del bosque, el margen es donde el paisaje cambia. Puede ser natural o creado por nosotros. En los márgenes, un paisaje no es una cosa ni la otra, sino un lugar de transición que atrae una mezcla de fauna de cada entorno y, con suerte, de algunos otros de regalo.

Definición

Ecotono: *sustantivo.* Zona de transición entre dos comunidades biológicas. Proviene de ECO(LOGÍA) + tono, del griego *tonos*, que significa «tensión».

Márgenes artificiales

Ni vosotros ni yo querríamos vivir al lado de una carretera; sin embargo, para una planta, tiene sus ventajas. Los márgenes de carretera, en general, son lugares tranquilos, donde el suelo tiene pocos nutrientes. Las semillas de flores silvestres y malas hierbas llegan allí, llevadas por la naturaleza. Crecen árboles y arbustos plantados tanto por los seres humanos como por la naturaleza (pájaros y ardillas). Incluso los desperdicios pueden ser hermosos cuando ese corazón de manzana se convierte en un árbol. En el Reino Unido, los márgenes de las carreteras son el hogar de más de 700 especies de flores silvestres, entre las que se encuentran 29 de las 52 orquídeas silvestres de Gran Bretaña. En muchos países, estos márgenes se gestionan como zonas protegidas. Otros nombres para estos corredores son «franjas verdes» y «arcenes de césped», o la excelente descripción de «vía verde».

Márgenes naturales

- Ciénagas, entre una zona seca y una zona húmeda
- Bosques de manglares, entre una zona terrestre y una zona marina
- Pastizales, entre una zona desértica y una zona boscosa
- Estuarios, entre una zona de agua salada y una zona de agua dulce
- Orillas de río, entre cursos de agua y tierra seca
- Márgenes tropicales, entre la selva y los cultivos o pastizales

Aprovechad los márgenes de los jardines

Construid un seto muerto y los escarabajos y otros insectos vendrán a vivir allí, y entonces los ratones lo verán como un hogar acogedor (más que dentro de la casa); a continuación, añadid una caja nido para búhos, y así los búhos vendrán a cazar ratones. De no haber fauna alguna, pasaréis a tener una cadena trófica con un depredador dominante en menos de un año.

Un seto muerto puede medir solo 1,5 m, la longitud de un pequeño tramo de valla, o tantos metros como queráis. Conservad ramas y ramitas tras la poda o una tormenta. La valla puede servir como límite o divisoria.

Necesitaréis lo siguiente:

- Ramas o estacas de jardín
- Mazo
- Restos vegetales
- Plantas trepadoras que florezcan

Vista superior

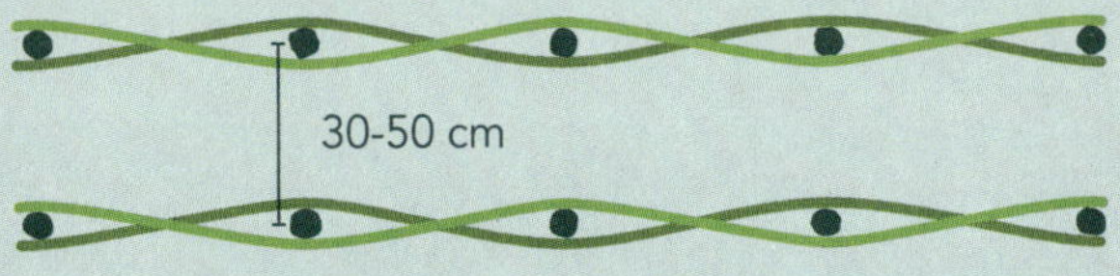

Vista lateral

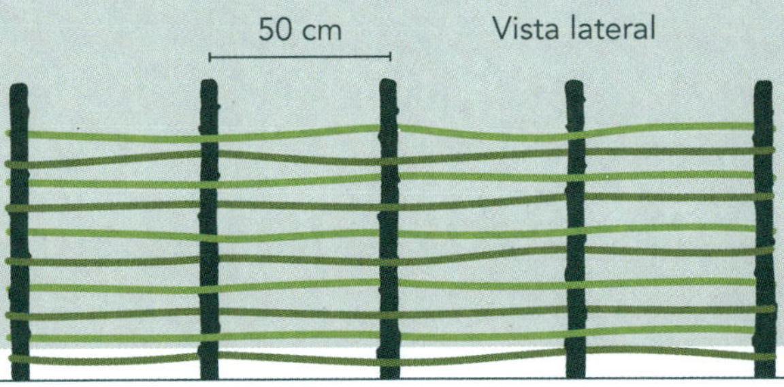

1. Elegid ramas de 3 a 5 cm de diámetro. Pueden alcanzar una altura de 2 m. Si no tenéis restos vegetales a mano, se pueden usar estacas de jardín. Un extremo debe cortarse en ángulo. (Consejo: no uséis mimbre a menos que queráis que la valla brote.)
2. El objetivo es hacer dos hileras paralelas de estacas, con una separación de entre 30 y 50 cm.
3. Colocad las estacas con una separación entre ellas de 50 cm siguiendo las dos líneas paralelas.
4. Clavadlas con el mazo.
5. Usad los restos vegetales de poda o de destrozos de una tormenta (cortad las ramas gruesas, un árbol de Navidad muerto, etc.). Entrecruzad las ramas y ramitas por detrás y por delante de las estacas o apiladlas en medio.
6. Añadid color mediante plantas trepadoras que florezcan.
7. Incorporad fauna interesante, como una caja nido para erizos.
8. Rematad con lo que queráis: cuanto más metáis entre las ramas, mejor hábitat conseguiréis para nidos de pájaros y otros animales.

Kentiopsis
macrocarpa

Capítulo 4

Espacios insólitos

Aquí podéis ver cómo se crea un espacio para la horticultura en todas sus formas: grande y pequeño, ordenado y de guerrilla, realista y fantasioso, urbano y salvaje. Las plantas pueden cambiar nuestra manera de vivir: con parques en el cielo, jardín en el Ártico y caprichos en los jardines.

Parques muy preciados

Parques urbanos por tamaño

1. **Parque estatal de Chugach**, en Anchorage, Alaska, Estados Unidos: 200.400 hectáreas

2. **Gatineau**, en Quebec, Canadá: 36.700 hectáreas

3. **Parque Nacional de Table Mountain**, en Ciudad del Cabo, Sudáfrica: 22.100 hectáreas

4. **Parque Nacional de las Colinas de Margalla**, en Islamabad, Pakistán: 17.386 hectáreas

5. **Parque Estatal de Pedra Branca**, en Río de Janeiro, Brasil: 12.400 hectáreas

6. **Reserva McDowell de Sonora**, en Scottsdale, Arizona, Estados Unidos: 12.300 hectáreas

7. **Parque Nacional Losiny Ostrov**, en Moscú, Rusia: 11.600 hectáreas

8. **Parque Nacional de las Montañas Franklin**, en El Paso, Texas, Estados Unidos: 9.810 hectáreas

9. **Refugio Nacional de Vida Silvestre de Bayou Sauvage**, en Nueva Orleans, Luisiana, Estados Unidos: 9.210 hectáreas

10. **Parque Nacional Bukhansan**, en Seúl, Corea del Sur: 7.992 hectáreas

Parques increíbles del mundo

- **Yellowstone**, en Estados Unidos: fundado en 1872, el primer parque nacional de Estados Unidos. 8.991 km², principalmente en Wyoming. Géiseres, fuentes termales, cañones, cascadas. Entre la fauna salvaje destacan el bisonte, el oso grizzly y el lobo.

- **Reserva de la Biosfera de Bogd Khan Uul**, en Mongolia: inicio de su protección en 1783, en las montañas Khentii. 673 km², al sur de Ulán Bator. Entre sus hábitats se encuentran la tundra alpina, la estepa, la taiga y el bosque nival.

- **Illes Galápagos**, en Ecuador: fundado en 1959, situado a 800 km al oeste de tierra firme ecuatoriana. El parque abarca 7.880 km², con islas célebres por su fauna y flora únicas.

- **Guilin Lijiang**, en China: región noreste de Guangxi Zhuang, paisaje espectacular de roca kárstica caliza e inmensos bosques de bambú. El río recorre un total de 164 km.

- **Parque Nacional de Fiordland**, en Nueva Zelanda: fundado en 1952, en la Isla Sur. 12.697 km². Majestuoso paisaje montañoso, con glaciares y fiordos.

El más grande...

El Parque Nacional del Noreste de Groenlandia tiene 972.000 km² y una población permanente de osos polares y bueyes almizcleros, pero no hay personas. Para imaginar el tamaño del parque, hay que pensar en una extensión equivalente a España y Francia juntas. Se trata de una naturaleza del alto Ártico con un paisaje impresionante y vistas interminables: fiordos, montañas e icebergs. El ochenta por ciento de la región está cubierto por la capa de hielo de Groenlandia. No hay carreteras, puertos, hoteles, hostales ni aeropuertos comerciales. Tan solo existen algunas estaciones meteorológicas, militares y de investigación, entre ellas la unidad naval de élite de Trineos de Perros Sirius, y se accede únicamente a través de pistas privadas de aterrizaje de grava. No se permite la caza ni la pesca, excepto a los miembros de la comunidad local de Ittoqqortoormiit, al sur del parque, aunque ellos tampoco ejercen ese derecho desde hace muchos años. Tampoco se permiten vehículos motorizados ni motos de nieve. Se puede acampar en verano, pero está prohibido llevarse nada del parque. El resultado es que el hábitat del alto Ártico para las plantas sobrevive y prospera, con vistosos ejemplares alpinos como la saxífraga púrpura (*Saxifraga oppositifolia*), además del amarillo más sutil de la amapola de Islandia (*Papaver nudicaule*) y la gayuba (*Arctostaphylos uva-ursi*), que proporciona un bocado (muy pequeño) a los osos.

Yellowstone National Park

Arctostaphylos uva-ursi

... y el más pequeño

Corría el año 1946 cuando un hombre llamado Dick Fagan volvió de la Segunda Guerra Mundial a su trabajo como periodista en el *Oregon Journal*. La ventana de su oficina daba al centro urbano de Portland, lo cual no resultaba muy inspirador, ya que concretamente se trataba del agujero vacío que en otros tiempos había ocupado una farola. Fagan decidió embellecer aquel agujero plantando flores. Escribió una imaginativa columna titulada «Mill Ends» (una referencia a los recortes de los aserraderos), en alusión al hoy en día agujero florido, que él llamaba «el parque más pequeño del mundo». Mill Ends se convirtió oficialmente en un parque urbano el día de San Patricio (17 de marzo) de 1976 y, con los años, ha recibido muchas donaciones, entre ellas una minúscula piscinita con un trampolín para mariposas. Tiene 61 cm de lado a lado, con una superficie total de 2.916 cm².

Jardines del paraíso

¿Qué significa paraíso?

La palabra *paraíso* tiene su origen en un término del antiguo avéstico, una lengua iránica, *pairidaēza*, que significa «cerrado» o «recinto». En la antigua Persia, se utilizaba para referirse a un jardín: un espacio verde normalmente rodeado por muros, protegido y aislado del mundo hostil del desierto. Esta idea —la de que un jardín es un lugar de descanso respecto al mundo exterior, un lugar profundamente distinto— ha perdurado a lo largo de los siglos. El primer «jardín del paraíso» se remonta al reinado de Ciro II el Grande, que lideró el Imperio aqueménida hacia el 550 a. C. Hoy en día, a veces es denominado «jardín islámico» (véase la página 46), ya que fue adoptado a lo largo de las conquistas árabes musulmanas, desde la India en el este hasta la península ibérica en el oeste.

Paradisea liliastrum

«Mira el agua y el tazón que la contiene y no podrás saber si es el líquido el que está inmóvil o es el cuenco el que fluye».

Traducción de la inscripción de una fuente de la Alhambra de Granada

Paradisaea rubra

Anteproyecto de paraíso

FORMAL. SERENO. SIMÉTRICO. CERRADO.

La geometría lo es todo. La distribución clásica consiste en cuatro cuadrantes con una alberca central que normalmente es rectangular. A menudo, cada uno de los cuatro cuadrantes se divide en otros cuatro más pequeños. A esto se le llama *charbagh*, «cuatro jardines».

El agua es el segundo aspecto esencial de un jardín del paraíso. La alberca central, que a veces es circular, suele tener cuatro «canalillos» que se extienden en cada dirección y que separan los cuadrantes. Se dice que representan los cuatro ríos de los jardines del paraíso de Alá: los ríos de agua, vino, leche y miel.

Punica granatum

Los jardines del paraíso miran hacia adentro, y los muros que los rodean crean una sensación de intimidad, una barrera que separa el mundo privado de lo que hay más allá. Los muros también impiden la entrada de plantas no deseadas y ofrecen una ventaja muy apreciada en la vida del desierto: sombra.

Los árboles frutales son esenciales para el espíritu de este tipo de jardín. Los naranjos, con sus hermosas y fragantes flores, suelen estar presentes, al igual que los olivos, las palmeras datileras, los granados, los cerezos, los manzanos, las higueras y los almendros.

Los olores son importantes a la hora de plantar. Rosales y lirios, además de narcisos en primavera, formarán parte del jardín. Como es tradición, los cuatro cuadrantes estarán ligeramente hundidos, o bien el sendero central estará elevado; de este modo, mientras se camina, la fragancia del jardín es envolvente.

El sonido y el movimiento del agua son valorados, siempre que contribuyan a la relajación y la meditación, como el chapoteo del agua al caer por un desnivel o el murmullo suave de un canalillo.

La filosofía general se resume en «menos es más», y la idea es que el conjunto es mejor que las partes. El jardín pretende ser contemplativo y tranquilo, meditativo y espiritual, para permitir la reflexión y la apreciación de todo lo que contiene.

Perdido en laberintos

El dédalo se remonta a la antigüedad; su historia tiene miles de años, se menciona en la mitología griega y lo cita el poeta romano Virgilio. Hoy en día utilizamos los términos *laberinto* y *dédalo* indistintamente, aunque el primero es unicursal (con un solo camino) y el segundo es más complejo, con múltiples intersecciones y callejones sin salida.

Los laberintos fueron inventados primero: enredos circulares que los antiguos griegos y romanos recorrían en círculos intentando llegar al centro. No estaban formados por setos, sino por dibujos en el suelo, pensados tanto para admirarse como para recorrerse. Con el cristianismo, el laberinto pagano se transformó en un viaje religioso del alma. La idea de encontrar el camino correcto del laberinto pasó a entenderse como un proceso espiritual, algo que debía meditarse mientras se buscaban pistas para llegar al centro (la salvación).

Los dédalos de setos eran mucho más divertidos y surgieron, literalmente, de los jardines de nudos del Renacimiento europeo. Había versiones intrincadas, como el laberinto de Versalles, en Francia, un enredo de setos que incluía fuentes y esculturas que representaban las fábulas de Esopo. El laberinto fue diseñado en 1668 por el paisajista André Le Nôtre, y pocos años después se añadieron esculturas de animales en las intersecciones, con surtidores de agua que salían de sus bocas para simular que hablaban entre ellas. Lamentablemente, Luis XVI eliminó esta fantástica originalidad en el año 1775 y la sustituyó por un jardín inglés en honor a su esposa, la reina, María Antonieta.

Plantas para setos

El único ejemplo que ha llegado hasta nosotros de un laberinto de setos barroco se encuentra en Hampton Court, en Londres, Reino Unido, encargado por Guillermo III de Inglaterra y II de Escocia hacia el año 1690. Es un dédalo intrincado de forma trapezoidal, actualmente formado por tejo, aunque originalmente era de abedul. Hoy en día, los laberintos de setos suelen plantarse como atracción turística. La plaga del boj ha hecho que esta planta ya no se pueda utilizar tanto para formar setos, en comparación con estas otras plantas que tradicionalmente se han usado:

- Tejo (*Taxus baccata*), perenne
- Acebo (*Ilex*), perenne
- Carpe (*Carpinus*), conserva algunas hojas en invierno
- Haya (*Fagus*), conserva algunas hojas en invierno

El Laberinto de la Paz
Castlewellan, en el condado de Down,
Irlanda del Norte. 2001

Laberinto de setos de Marlborough
Palacio de Blenheim, en el condado de Oxfordshire, Inglaterra. 1987

Castillo de Leeds
Broomfield, en el condado de Kent, Inglaterra. 1987

Laberinto de tejo de Hever
Castillo de Hever, Edenbridge, en el condado de Kent, Inglaterra. 1906

Villa Pisani

Stra, en Venecia, Italia. Aprox. 1720

Laberinto de Traquair House

Innerleithen, Escocia. 1981

Laberinto de Hampton Court

Palacio de Hampton Court, en Molesey este,
Inglaterra. Aprox. 1690
El laberinto de setos más antiguo de la Gran Bretaña.
De media se tardan veinte minutos para llegar al centro.

Jardinería de guerrilla

El poder del verde

La jardinería de guerrilla intenta transformar el trazado urbano mediante acciones radicales de jardinería. El nombre en sí proviene del movimiento Green Guerrilla, surgido en la ciudad de Nueva York durante los años setenta del siglo pasado, cuando un grupo de personas empezó a lanzar bombas de semillas (también llamadas «ayudas verdes») por encima de las vallas de solares abandonados y a plantar girasoles en las medianas de las avenidas de la ciudad. De repente, en los edificios abandonados comenzaron a aparecer jardineras en las ventanas. Cuando Green Guerrilla se fijó en un enorme solar abandonado, lleno de basura y escombros, en la esquina de Bowery con Houston Street, no vio rojo, sino verde. Y empezó a cultivarlo para formar el Huerto y Jardín Comunitario de Houston con Bowery, que todavía existe hoy en día (aunque rebautizado como Jardín de Houston con Bowery de Liz Christy), un exuberante espacio verde con magnolios, abedules, estanques, hortalizas, hierbas y flores. Lo cuidan veinte voluntarios, y en 2023 Green Guerrilla celebró allí su quincuagésimo aniversario.

«Coge las semillas con la mano y espárcelas. Es así de fácil. Es algo la mar de bonito y accesible casi para todos».

Phoenix McGee, de «SF in Bloom», TikTok

Magnolia × soulangeana

¿Ensalada de col? ¿Quién quiere?

¿Es arte o es jardinería de guerrilla? El «solar vacío de las coles», en el centro de Wellington, Nueva Zelanda, logró fusionar ambas cosas. En 1978, un grupo de artistas plantó 180 coles en un solar abandonado del centro de la capital con la intención de dar a conocer la palabra *col* en todos sus sentidos. La instalación duró seis meses, con muchos vecinos implicándose en el cultivo de las *Brassica* a medida que crecían. Todo culminó en una fiesta de la cosecha de una semana de duración, con recitales de poesía, actuaciones artísticas y reparto gratuito de col. Las fotografías del solar de las coles se conservan actualmente en la Biblioteca Nacional y el Museo de Nueva Zelanda.

Brassica oleracea var. *rubra* (grupo *capitata*)

Equipo esencial de guerrilla

- Bombas de semillas
- Condimentador de queso parmesano (para las semillas)
- Azada
- Regadera
- Bolsa para llevarse los desechos
- Guantes gruesos para recoger desechos y para plantar

Brassica oleracea, grupo *capitata*

Green Guerrillas en todo el mundo

- **Iniciadores Orgánicos**: transformaron en un jardín un solar vacío del barrio de Nørrebro, en Copenhague (Dinamarca), en una sola noche, en 1996.
- **Guerrillas Verdes**: en 2010, en Polonia, comenzaron a gestionar el Refugio para Plantas No Deseadas, y en 2017 instauraron el Día Mundial de la Plantación de Calabazas en Espacios Públicos (16 de mayo). En 2020, el mismo grupo lanzó la campaña «nacional de descanso para los cortacéspedes».
- **Zona Salvaje**: desarrolla un amplio abanico de actividades en Finlandia, como la creación de praderas de guerrilla en pueblos y ciudades.
- **Greenaid**: en Los Ángeles, Estados Unidos, ha instalado antiguas máquinas expendedoras de chicles en al menos veinte lugares de la ciudad. Dispensan bolas de semillas preparadas específicamente para esa zona.

Cómo hacer una bomba de semillas

Las bombas de semillas son una herramienta clave de la jardinería de guerrilla (y pueden usarse en cualquier jardín). La primavera y el otoño son los mejores momentos para lanzarlas, ya que suelen ser estaciones más húmedas y la lluvia es necesaria para deshacer la bomba. Las bombas de semillas deben ser pequeñas (pensemos en una pelota de ping-pong), y no hace falta preocuparse demasiado por la técnica de lanzamiento: simplemente, tomar impulso y lanzar (¡y que crezcan!). Apuntemos a parches de suelo desnudo en nuestro jardín o, si nos gusta la aventura (o simplemente salimos a dar un paseo), busquemos alcorques descuidados, parterres de arbustos, rotondas o solares abandonados.

Ingredientes

- Semillas de flores de pradera autóctonas (hay que evitar especies invasoras)
- Compost orgánico sin turba
- Arcilla en polvo (de tiendas de manualidades)
- Pimienta roja (opcional)
- Agua

1. Mezclamos una parte de semillas, tres partes de arcilla en polvo y cinco partes de compost.
2. Añadimos una pizca de pimienta roja para evitar que las ardillas se coman nuestra bomba.
3. Mezclamos la masa lentamente con las manos, incorporando agua hasta que obtengamos una consistencia firme, sin que esté demasiado húmeda.
4. Formamos una bolita con la mezcla. (Atención: cuanto más pequeña, más fácil de lanzar.)
5. Dejamos las bolitas en una caja de cartón, en un lugar cálido y seco, para que se sequen.

Penstemon parryi

Jardines botánicos

Los inicios de la botánica

Desde el principio, los jardines botánicos siempre han estado orientados a algo más que únicamente a la belleza de las plantas. El propósito del primero de estos jardines, que se remonta al siglo XVI, era la iatroquímica, el estudio académico de las plantas medicinales. Durante la Ilustración y los siglos posteriores, los jardines botánicos quedaron inextricablemente vinculados al colonialismo, con recolectores de plantas que recorrían el planeta en busca de «nuevas» especies para su investigación, estudio, categorización y exposición. Hoy en día, los jardines botánicos cumplen dos objetivos principales. El primero es la conservación y el estudio de plantas frente al cambio climático. El segundo es el turismo, ya que muchos jardines incluyen actualmente diversos atractivos para seducir a visitantes de todas las edades. Pero ¿qué tienen en común todos los jardines botánicos, a lo largo de todas las épocas, además de las plantas? La creencia en el poder de la ciencia y, sobre todo, en la clasificación de las plantas.

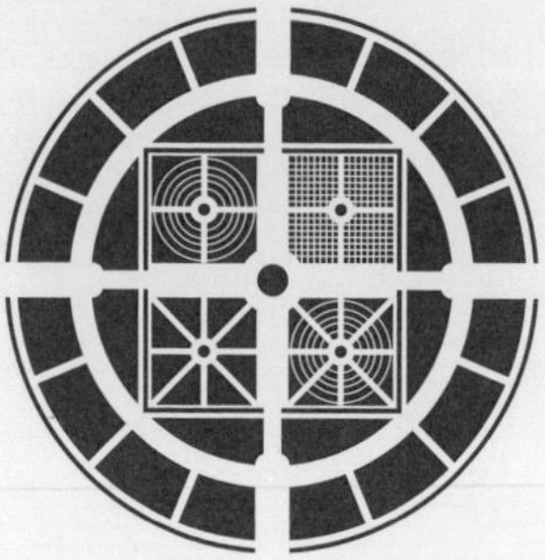

Retrocedamos en el tiempo

El Orto Botanico di Padova es un jardín botánico en Padua, Italia, fundado en 1545, que actúa como un portal hacia un viaje en el tiempo. Situado en terrenos que antiguamente habían pertenecido a un monasterio benedictino, es uno de los pocos jardines botánicos que ha conservado intacta su distribución original. Teniendo en cuenta la tendencia humana a dividirlo y cambiarlo todo —especialmente los jardines—, esto lo hace muy singular. La distribución consiste en un círculo exterior (de 84 m de diámetro) que encierra un cuadrado dividido en cuatro partes por senderos que se cruzan. Esto simbolizaba el mundo tal como se conocía entonces, con el jardín entero rodeado de agua (los mares). Las cuatro partes mostraban motivos geométricos (véase la figura superior), al parecer para ayudar a los estudiantes a recordar qué se había plantado, dónde y con qué fin. En sus inicios, el jardín estaba dedicado a plantas medicinales (se tuvo que levantar un muro alto en 1552, ya que los robos nocturnos de «curas», es decir, plantas, eran frecuentes), pero pronto la colección creció gracias a adquisiciones de comerciantes venecianos. La planta más antigua del jardín data de 1585, conocida como la Palmera de Goethe.

Meconopsis simplicifolia

No hay que olvidarse de los esquís

El Jardín Botánico Ártico-Alpino de Tromsø, en Noruega, se inauguró en 1994 y es insólito en muchos aspectos. Está situado dentro del círculo polar ártico, lo que lo convierte en el jardín botánico más septentrional del mundo, y se puede visitar las 24 horas del día, ya que no tiene puertas ni se requiere entrada. Las plantas de regiones árticas y alpinas crecen en marcos naturalistas, con enormes rocas y composiciones rocosas variadas. En invierno puede visitarse con esquís, y aunque entre diciembre y mediados de enero es siempre de noche, la aurora boreal (las luces del norte) ofrece un telón de fondo muy especial. Una planta destacada es la amapola de Sikkim (*Meconopsis simplicifolia*).

Otros jardines botánicos destacados

Localización espectacular: el Jardín Botánico Nacional de Kirstenbosch, en Sudáfrica, cubre 520 hectáreas, recoge principalmente plantas de la flora nativa del sur de África y se encuentra al pie de las imponentes laderas orientales de la montaña de la Mesa, en Ciudad del Cabo.

Mar de arena florecido: el Jardín Botánico del Desierto, en Phoenix, Arizona, Estados Unidos, de 53 hectáreas, contiene una enorme colección de plantas adaptadas a las condiciones desérticas, entre las que hay 4.026 agaves y 14.000 cactus, y reproduce ecosistemas como el bosque mezquite, el chaparral de altiplano y la estepa semidesértica.

Histórico e integrado: los Reales Jardines Botánicos de Kew, en Londres, Reino Unido, fundados en 1759, tienen la colección de plantas más extensa y diversa del mundo sobre 120 hectáreas de terreno.

Formid-árboles: el Jardín Botánico Indio Acharya Jagadish Chandra Bose, en Howrah, Bengala Occidental, India, de 45 hectáreas, fundado en 1787. Su atracción más imponente es el Gran Baniano, de más de 250 años, que cubre 1,5 hectáreas.

Estructuras de invernadero

Casa de la Selva, Reales Jardines Botánicos de Kew, en Londres, Inglaterra. 1844

Casa Grande de la Selva de Schönbrunn, en Viena, Austria. 1882

Invernadero Enid A. Haupt, en la ciudad de Nueva York, Estados Unidos. 1902

Invernadero Muttart, en Edmonton, Canadá. 1976

Invernadero del Bicentenario, en el Jardín Botánico de Adelaida, Australia. 1988

Invernadero del Jardín Botánico de Curitiba, Brasil. 1991

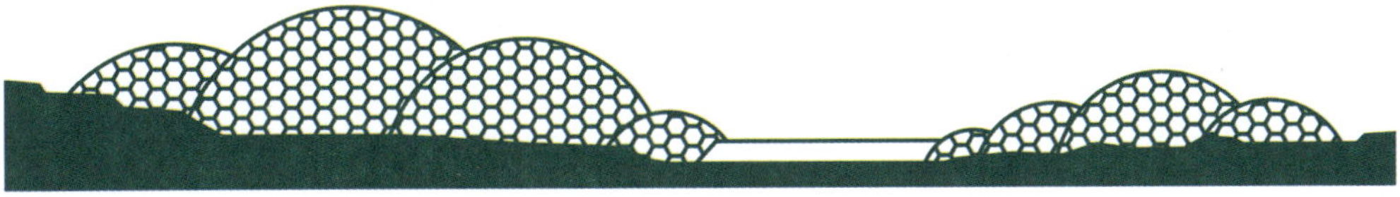

Cúpulas geodésicas de bioma, Proyecto Edén, en Cornualles, Inglaterra. 2001

Cúpula de la Flor, Singapur. 2011

Árbol de la vida

¿Qué vive en los árboles?

Los nidos suelen estar escondidos en un jardín, ocultos entre los espesos arbustos trepadores como la hiedra, en las zarzas y en los árboles. Cada pájaro construye el nido de forma diferente, y la mayoría de los materiales provienen del jardín: líquenes, musgo, hierbas, nervaduras de hojas secas, hojas tiernas, etcétera.

Tórtola turca (*Streptopelia decaocto*)
Sus nidos parecen descuidados y, básicamente, están formados por un puñado de ramitas entrelazadas y sin revestimiento. Es un milagro que los huevos no se caigan entre el entramado y se rompan. Los hacen en los árboles y en las plantas trepadoras, a una altura de entre 2 y 20 m. Las tórtolas suelen tener de tres a cinco nidadas al año.

Chochín (*Troglodytidae*)
Los machos construyen entre cinco y ocho nidos con ramitas, hierba, musgo y hojas muertas. En cuanto la hembra elige cuál quiere, ella misma lo forra con plumas y pelo. Los nidos suelen estar escondidos en la hiedra, pegados a una pared.

Grulla brolga (*Grus rubicunda*)
Las grullas brolga, también conocidas como grullas australianas, no migran y se sabe que utilizan el mismo lugar para anidar durante más de veinte años. Los nidos, que construyen ambos sexos, suelen situarse en humedales poco profundos, hechos con hierba arrancada y otros materiales vegetales, como un terraplén que forma una pequeña isla o, a veces, una plataforma flotante.

Tejedor baya (*Ploceus philippinus*)
Este pájaro utiliza hierbas, hojas de palmera y otras plantas para hacer nidos en forma de lágrima que cuelgan de las ramas de arbustos espinosos o de palmeras. Para ahuyentar a visitantes no deseados, el toque final es un túnel de acceso orientado hacia abajo.

Tejedor republicano (*Philetairus socius*)
Estos pájaros construyen enormes nidos intrincados que dividen en cámaras de cría. Puede haber más de un centenar de cámaras en un solo nido. Usan ramas más gruesas para hacer el techo, y hierbas para los distintos habitáculos, que tienen temperaturas diferentes según su ubicación (interior o exterior). Sus árboles preferidos son la espina de camello (*Vachellia erioloba*) y el árbol de los pastores (*Boscia albitrunca*).

Busardo mixto (*Parabuteo unicinctus*)
Esta ave rapaz de América del Sur se ha adaptado a hábitats secos y construye el nido en el cactus saguaro (*Carnegiea gigantea*), con forma de árbol, así como en el mezquite, la palmera o el pino. Estas estructuras enormes y voluminosas, de hasta 60 cm de ancho, están hechas con ramas y fragmentos de cactus, y se forran con trozos de cactus, hierba y plumas.

Ploceus philippinus

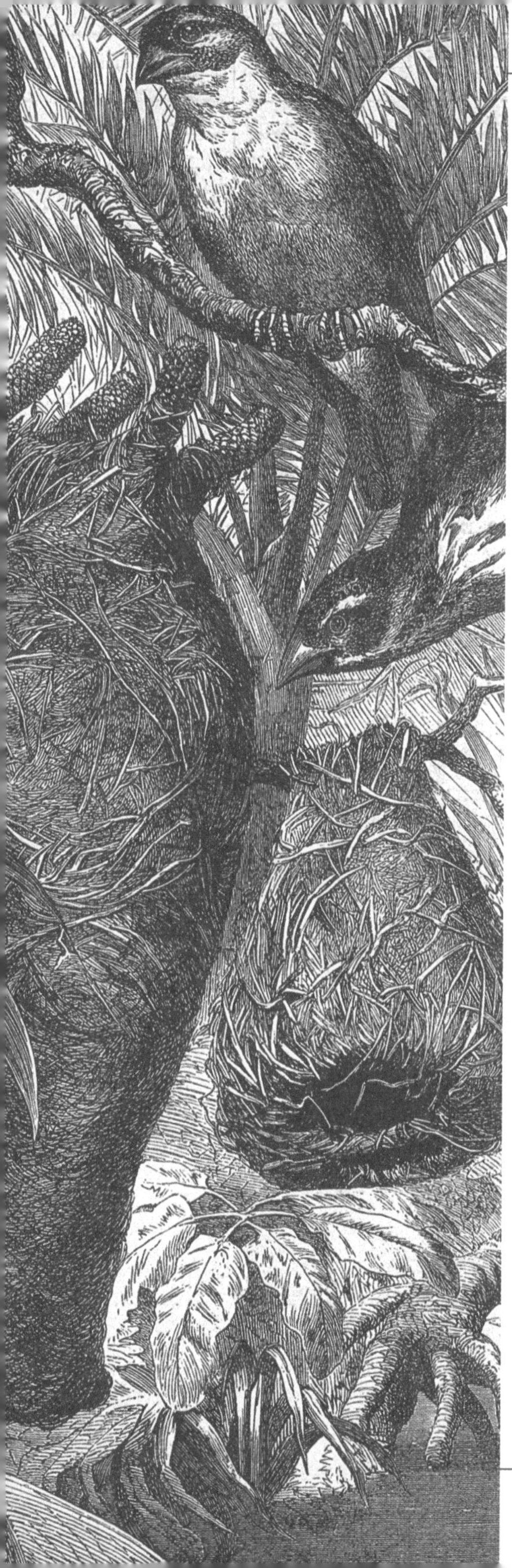

Otros amantes de los árboles

Requisitos clave: ayuda poder volar o tener una buena cola para mantener el equilibrio. Otros atributos útiles son pulgares oponibles, no temer a las alturas y tener la habilidad de dormir prácticamente en cualquier lugar.

Koalas: la mayoría vive en eucaliptos; no hacen nidos, pero duermen en las horquillas de las ramas.
Perezosos: sus árboles preferidos pertenecen al género *Cecropia* (también conocidos… sí, como árbol del perezoso); duermen colgados boca abajo.
Murciélagos de bosque templado: se esconden en cavidades de árboles de hoja caduca, como robles y hayas; duermen colgados boca abajo.
Ranas arborícolas: viven en una variedad de árboles; algunas hacen nidos de «espuma», otras ponen los huevos sobre las hojas.
Canguros arborícolas: son marsupiales adaptados a la vida en las selvas lluviosas; duermen sentados en una rama.
Aye-ayes: lémures nocturnos que solo viven en Madagascar; construyen nidos en forma de bola para dormir durante el día.
Seres humanos: suelen visitar las casas en los árboles más que vivir en ellas, por diversión, para trabajar o, simplemente, para pasar el rato —en este caso, literalmente. Solo se cree que los korowai, también llamados kolufo, del sureste de Papúa Nueva Guinea, viven en casas construidas en los árboles, en lo profundo de la selva.

Superfloraciones

Superespeciales

Es raro que un desierto estalle con una gran floración que no solo cubra una colina o un valle con vistosas flores silvestres, sino también una montaña entera e, incluso, una cordillera. Las condiciones para una «superfloración» requieren una serie de circunstancias endiabladamente complejas. El suelo debe estar lo suficientemente seco para evitar las hierbas invasoras. Las lluvias de otoño han de ser lo bastante intensas como para penetrar profundamente y alcanzar las semillas de flores silvestres en letargo, pero no tanto como para provocar inundaciones puntuales que se lleven esas semillas. Además, durante el invierno y a comienzos de la primavera, el cielo debe permanecer nublado para proteger el suelo del calor o del frío nocturno extremos y, mientras las plantas empiezan a crecer, el viento no debe ser demasiado fuerte. Tal vez, teniendo todo esto en cuenta, sea lógico que las superfloraciones ocurran de forma imprevisible y con relativa poca frecuencia. Se estima que las superfloraciones del desierto de California se producen, de media, cada diez años, aunque nadie lo sabe con certeza hasta que las colinas cobran vida, por supuesto.

El poder de la flor

Las superfloraciones naturales se han convertido, en la era de Instagram, en un imán para el turismo, que conlleva su propio cúmulo de problemas, especialmente cuando el frágil paisaje del desierto, incluso después de engalanarse, no puede soportar una avalancha humana. En marzo de 2019, se calcula que 50.000 personas acudieron al cañón Walker, cerca del lago Elsinore en California, para ver el mar naranja de amapolas de California (*Eschscholzia californica*) y ser vistas allí. Lo que se había anunciado en las redes sociales como un evento mágico y encantador, con la etiqueta #poppy-paluza, terminó siendo, a medida que las multitudes se acercaban y provocaban atascos en las carreteras, una pesadilla para las amapolas: #poppy-nightmare. Una fiebre masiva similar por las flores silvestres, que tuvo lugar en la ciudad de Borrego Springs, también en California, pero en 2017, acabó conociéndose como «Flowergeddon» cuando se agotaron las reservas de gasolina, comida y productos de higiene personal. Está comprobado que, cuando la gente acude a contemplar y disfrutar de las superfloraciones en tiempos modernos, termina pisoteando una buena parte de ellas.

Eschscholzia californica

Dónde ver una superfloración

1. **Namaqualand, en Sudáfrica**: entre finales de agosto y octubre; margaritas, hierba plateada y salvias.

2. **Valle de la Muerte, en los Estados Unidos**: a comienzos de la primavera, muy a menudo en marzo; girasoles, girasoles del desierto (*Geraea canescens*), fantasma de la grava (*Atrichoseris platyphylla*).

3. **Desierto de Anza-Borrego, en California, Estados Unidos**: a comienzos de la primavera, en marzo; girasoles del desierto (*Geraea canescens*), lirios del desierto (*Hesperocallis undulata*) y primaveras de ojos marrones (*Chylismia claviformis*).

4. **Desierto de Atacama, en Chile (incluyendo el Parque Nacional Desierto Florido)**: desde mediados de septiembre hasta mediados de noviembre; *Cistanthe grandiflora* y *Bomarea ovallei*.

5. **Valle del Antílope, en California, Estados Unidos**: a comienzos de la primavera, normalmente en marzo; amapolas naranjas de California (*Eschscholzia californica*).

6. **Austràlia occidental**: comienza en el norte en junio y se extiende hacia el sur a medida que se pasa de la primavera al verano, a inicios de noviembre; margaritas silvestres, *Ptilotus exaltatus*, pata de canguro (*Anigozanthos*), *Banksia*.

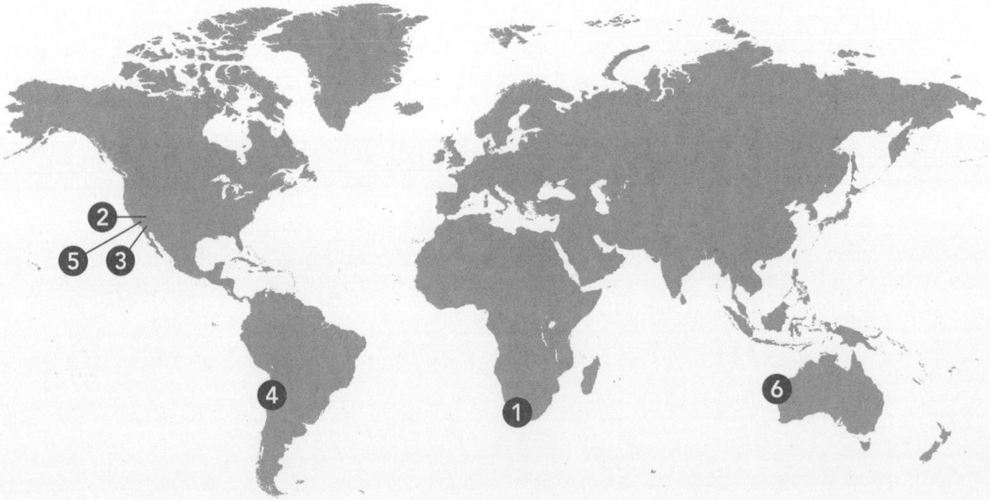

Combinar negocios con placer

Prunus serrulata

El deseo de estar rodeado de flores, que forma parte de la biofilia, no implica que la gente deba confiar en floraciones imprevisibles en el desierto. He aquí algunos ejemplos de «floraciones de diseño» que se pueden visitar, junto con un par más que ocurren de forma bastante natural.

- Campos de girasoles
- Cultivos de lavanda
- Cerezos en flor
- Bosques alfombrados de campanillas
- Cultivos de tulipanes
- «Mares de flores» de distintas variedades, sobre todo en Japón y en China

«Paseando en cualquier dirección, cientos de estas alegres plantas solares rozaban mis pies a cada paso, y se cerraban sobre ellos como si estuviera vadeando en oro líquido».

John Muir, naturalista estadounidense de origen escocés, *The Mountains of California*, 1882

Qué mundo tan pequeño

Pequeño, muy pequeño: el bonsái

El bonsái, que se traduce como «plantado en maceta», tiene sus raíces en la horticultura de la antigua China, pero fue en Japón donde floreció (a veces, literalmente) hasta convertirse en un fenómeno realmente especial bajo la influencia del budismo zen. La idea esencial es que, mediante la poda y el cuidado, puedes conseguir una versión en miniatura de un árbol y, de paso, mejorar tu propia vida. El pino, el arce, el enebro y el cerezo son elecciones habituales para bonsáis, ya que ofrecen una diversidad ideal de formas o estilos. La formación de un bonsái enseña paciencia, conciencia de uno mismo, constancia, compasión y creatividad. Un montón de cosas, para un árbol tan pequeño.

Vertical formal
Chokkan

Literati o Bunjin
Bunjingi

Inclinado
Shakkan

Batido por el viento
Fukinagashi

Troncos gemelos
Sokan

Vertical informal
Moyogi

Retorcido
Nejikan

Raíces expuestas
Neagari

Raíz en roca
Ishisuki

Raíz expuesta
sobre roca
Seki-joju

En cascada
Kengai

En semicascada
Han-kengai

Escoba
Hokidachi

Tronco múltiple
Kabudachi

Bosque
Yose-ue

Un mundo aún más pequeño: el terrario

Los terrarios son espacios diminutos que permiten cultivar en otro mundo, donde las plantas y los paisajes son en miniatura. Pueden colocarse al aire libre, para exponer cactus y plantas suculentas, o en recipientes cerrados con una tapa (o un corcho), lo que permite crear un pequeño mundo tropical. Un terrario debe situarse en un lugar con mucha luz natural, pero no luz directa. Una vez hecho, hay que pulverizar su interior con agua cada pocas semanas o cuando el suelo esté seco. Si queda demasiado húmedo (se forma condensación en el vidrio), hay que abrir la tapa (si la tiene) durante unas horas para que se evapore.

Necesitaremos lo siguiente:

- Un tarro de cristal, de cualquier tamaño, con tapa o sin ella, según la planta elegida
- Piedrecitas, como grava o pequeños cantos rodados
- Tierra para macetas (orgánica y sin turba), unos cuantos puñados
- Carbón activado (mantiene el agua en buen estado eliminando bacterias)
- Herramientas pequeñas: un lápiz, un palillo chino, un pequeño rastrillo, una cuchara larga
- Opcional: musgo tipo esfagno, adornos de estilo hada, figuritas de vidrio de animales, otros objetos decorativos en miniatura

Plantas para un terrario abierto

- Planta de aire (*Tillandsia stricta*)
- Crásula
- Rosa de alabastro (*Echeveria elegans*)
- Haworthia

Plantas tropicales para un terrario cerrado

- Fitonia (*Fittonia albivenis*)
- Hoja de sangre (*Hypoestes phyllostachya*)
- *Peperomia*, entre ellas la variedad «Peppers-pot»
- Estrella de tierra (*Crypanthus bivittatus*)

1. Lavamos y secamos el recipiente.
2. Añadimos entre 2 y 3 cm de una capa de grava o cantos rodados.
3. Esparcimos carbón activado por encima.
4. Añadimos musgo tipo esfagno (opcional).
5. Añadimos tierra para macetas, al menos con la profundidad suficiente para las raíces más largas de nuestras plantas.
6. Hacemos hoyos en la tierra con un lápiz o una herramienta similar.
7. Colocamos las plantas, primero las más grandes, no demasiado cerca del vidrio.
8. Presionamos la tierra alrededor de la planta con una cuchara larga o con el extremo romo de un lápiz.
9. Añadimos adornos en la superficie (musgo, piedras de colores, etc.).
10. Pulverizamos el interior del terrario con agua. Cerramos con la tapa (o no).

Y, finalmente, el más diminuto de todos: la *kokedama*

La traducción de *kokedama* es «bola de musgo», lo cual le resta un poco de protagonismo a lo demás, ya que se trata de una bola de tierra con una planta, todo ello cubierto de musgo. La idea proviene de Japón, pero hoy en día se ha convertido en una moda en buena parte del mundo de las plantas de interior. Puedes colocar las *kokedamas* sobre una bandeja o un plato, pero la forma más impactante de presentarlas es colgándolas con cuerda en el jardín, cada una por separado pero todas juntas, desde un gancho en el techo. El éxito depende de su ubicación (no debe darles la luz solar directa y no toleran la sequía) y de la planta elegida. El enemigo es el ambiente seco. Puede parecer obvio, pero lo que no se quiere es que la planta crezca demasiado. Las suculentas pequeñas funcionan bien, pero quizá la mejor elección sean las plantas epífitas, como las del género *Bromelia* o los helechos pata de conejo, ya que son plantas colgantes en la naturaleza.

Crassula ovata

Fittonia albivenis

Jardines en el cielo

Un paseo por el salvaje West Side

El último tren que recorrió la antigua línea elevada del West Side de Manhattan, en la ciudad de Nueva York (Estados Unidos), lo hizo en 1980, y entonces, durante décadas, las vías quedaron allí, abandonadas, causando mal aspecto. Se temía su demolición. Pero entonces ocurrió algo inaudito: donde prácticamente todo el mundo veía escombros y caos, otros vieron belleza. «Cuando pisé por primera vez la High Line en 1999, me enamoré completamente», escribe Robert Hammond, que vivía cerca. «Lo que me enamoró fue la tensión. Estaba allí, en la yuxtaposición entre lo duro y lo suave, las hierbas silvestres y los carteles publicitarios, los vestigios industriales y los paisajes naturales, las vistas tanto de las flores silvestres como del Empire State Building. Era fea y hermosa a la vez. Y es esa tensión lo que da fuerza a la High Line».

Hammond y su amigo Joshua David fundaron los Amigos de la High Line, y la idea original era no hacer nada (literalmente). Dejar el espacio a las flores y a las hierbas silvestres. Pero la viabilidad pasaba por reparar la estructura e instalar un nuevo sistema de drenaje. Todas las plantas (y los raíles) tuvieron que levantarse. Hubo que pensar en un plan B. Y encontraron la inspiración (y aún la encuentran) en el diseño de jardines del paisajista holandés Piet Oudolf.

Su plan, con un jardín de plantas perennes para todas las estaciones del año, conservaba la tensión original. Eric Rodriguez, director de horticultura del parque, describe la estrategia de plantación como un "sándwich de grosor significativo". La capa inferior es una matriz de hierba, coronada por plantas perennes, con algunas zonas que también contienen ar-

bustos y un dosel de capas arbóreas. Los árboles deben elegirse con cuidado, ya que solo hay una profundidad de 46 cm de tierra, lo que también explica por qué gran parte de los 2,5 km del parque lineal, a 9 metros de altura, se dedica a plantas herbáceas.

Se ha plantado con densidad, con entre seis y ocho plantas por cada 30 cm^2. En parte, eso es lo que le confiere su aspecto natural y, en un sentido más práctico, reduce la necesidad de riego y elimina las malas hierbas. Hay 400 especies de plantas, y cada una debe ser lo bastante resistente para sobrevivir en este entorno difícil, expuesto al viento y a la intemperie, sin mencionar los millones de visitantes anuales. El parque es de propiedad municipal, pero está gestionado por los Amigos de la High Line y voluntarios. A lo largo de las diferentes estaciones, se deja que la hierba se marchite y se vuelva marrón. Las más de 100.000 plantas se podan y se recortan en la siega de primavera, justo a tiempo para que los bulbos comiencen a brotar.

La High Line ha inspirado la reevaluación de infraestructuras oxidadas y en desuso en muchas ciudades.

Más parques y jardines en el cielo

- Bloomingdale Trail, en Chicago, Estados Unidos
- Seoullo 7017, en Seúl, Corea del Sur
- Coulée Verte René-Dumont, en París, Francia
- Castlefield Viaduct, en Mánchester, Inglaterra
- Sky Garden, en Londres, Inglaterra
- Warrumbungle Dark Sky Park, en Nueva Gales del Sur, Australia
- Randalstown Viaduct Community Garden, en Irlanda del Norte

Extravagancias de jardín

Definición

Capricho: *sustantivo*. Estructura en forma de castillo, glorieta, etc., que se construye para satisfacer un capricho o anhelo, a menudo de tipo excéntrico.
Diccionario Collins

¿Seguro que es una simple extravagancia?

Fue el estadista romano Marco Tulio Cicerón quien dijo: «Si tienes un jardín y una biblioteca, lo tienes todo». Sin embargo, el Chanticleer Garden, cerca de Filadelfia, en Pensilvania (Estados Unidos), ha ido un paso más allá: ha instalado una biblioteca en un jardín, con libros y sillones incluidos. Naturalmente, se trata de una extravagancia, y de lo más singular. La biblioteca es una de las distintas «salas» del Jardín de las Ruinas, que se construyó a principios del siglo XXI sobre la planta de una antigua mansión. Plantas trepadoras y arbustos sobre celosías aportan verdor a paredes parciales y ventanales abiertos. Hay un «gran salón» con una chimenea de piedra y una mesa enorme que es un espejo de agua, además de una biblioteca con libros de piedra y títulos como *Musgo* y *Ex Libris*. Casi todas las plantas son plateadas y verdes. Parece muy real... e irreal a la vez. Para ser una extravagancia, es todo un éxito.

Extravagancias famosas

- **Monstruos orcos**, jardín de Bomarzo, en el Lacio, Italia, 1552
- **Conolly's Folly**, en el condado de Kildare, Irlanda, 1740
- **Hameau de Chantilly**, castillo de Chantilly, en Oise, Francia, 1774
- **Ruinas romanas**, palacio de Schönbrunn, en Viena, Austria, 1778
- **Parque Monceau**, en París, Francia, 1779
- **Acueducto romano**, parque Arkadia, cerca de Nieborów, Polonia, 1784
- **Torre de Broadway**, cerca del pueblo de Broadway, en el condado de Worcestershire, Inglaterra, 1798
- **Belvedere Castle**, Central Park, en la ciudad de Nueva York, Estados Unidos, 1869
- **Partenón**, en Nashville, Tennessee, Estados Unidos, 1897

Construcción de unas falsas ruinas

Unas ruinas falsas no tienen por qué tener una finalidad funcional evidente, pero eso no significa que no puedan tener alguna desde el punto de vista de la horticultura. Pueden servir como punto de fuga, crear un microclima sombrío o ayudar a dividir el jardín en «ambientes». Pueden aportar altura, misterio y profundidad a un jardín. Si la idea es usarlas como almacén, por ejemplo, hay que hacerlo en secreto y no contárselo a nadie. Se puede comprar un conjunto de piezas de ruinas falsas, pero es mucho más divertido hacerlas uno mismo.

1. Buscamos o compramos materiales de construcción. Ayuda tener un montón de piedras (quizá extraídas de nuestro propio jardín) o ladrillos descartados de un edificio en obras del vecindario. Los escombros son ideales para hacer unos buenos cimientos.
2. Lo diseñamos con mentalidad de falsificador. No nos limitamos a levantar una pared; al contrario, levantamos una pared con parte de un ventanal (literalmente, para enmarcar una vista) y le damos profundidad con algún tipo de rincón.
3. Construimos bien, pero no demasiado bien. No debe venirse abajo, pero tampoco parecer perfecto.
4. Hacemos algo para que parezca más viejo a simple vista. Compramos yogur a granel y pintamos las falsas ruinas con él: las bacterias atraerán todo tipo de hongos y moho, y le darán un aspecto envejecido.
5. Musgo, líquenes y hiedra añaden años al instante.
6. Retrocedemos un poco y admiramos nuestra obra.
7. Dejamos que las malas hierbas lo colonicen de manera natural.

Parte de un acueducto en Roma

Arquitectura viva

Un bosque vertical... a base de pisos

Puede que pareciera una idea descabellada plantar un bosque vertical en «balcones verdes» alrededor de un edificio de apartamentos, pero eso no detuvo al arquitecto italiano Stefano Boeri. «Tenemos que multiplicar el número de árboles en todas partes. Y las razones son muy claras. Es una forma más rápida, barata e inclusiva de intentar reducir el calentamiento global», declaró. Así nació, en 2014, el Bosco Verticale: dos torres (de 112 m y 80 m, con 26 y 18 pisos respectivamente) en el barrio de Porta Nuova, en Milán. Contienen 113 apartamentos, 800 árboles, 5.000 arbustos, miles de plantas más pequeñas y miles de aves y mariposas.

El «diseño verde» convierte la naturaleza en un componente esencial de un edificio, no en un añadido incidental. Se dice que los árboles y plantas del Bosco Verticale, regados mediante un sistema de irrigación integrado (con agua filtrada nuevamente), eliminan una media de casi 20.000 kg de carbono cada año. También absorben la contaminación, minimizan el ruido urbano, reducen el efecto de isla de calor y atraen a la naturaleza, como demuestran las aves que ahora anidan allí.

Los árboles fueron los primeros ocupantes del edificio, seguidos por los humanos; resulta que este tipo de edificaciones se han puesto muy de moda. Los árboles son principalmente de hoja caduca, lo que aporta un cambio continuo en la paleta de colores. Unos «jardineros verticales» se encargan del mantenimiento del bosque y de las plantas (imagina limpiacristales de altura pero con podadoras), ya que son arboricultores y escaladores expertos. Hacen rápel desde la azotea, se les conoce como los «jardineros voladores», y así aportan nuevas dimensiones a las actividades de la horticultura.

Otros edificios vivos

One Central Park, en Sídney, Australia

Se compone de dos edificios residenciales, además de un centro comercial de seis plantas, inaugurado en 2014. El componente «verde» lo aportan unos jardines colgantes verticales que utilizan un sistema hidropónico diseñado por el botánico Patrick Blanc, lo que elimina el peso añadido de la tierra y permite alcanzar una altura de 50 m. Las 23 paredes verdes, con plantas tanto exóticas como autóctonas de Australia, constituyen auténticos muros de naturaleza viva.

The Valley, en Ámsterdam, Países Bajos

Los tres edificios de 67 m, 81 m y 100 m tienen un diseño inspirado en la geología, y se combinan para parecer un desfiladero escarpado. Es una construcción multifuncional, con 370 zonas de vegetación y galerías comerciales, restaurantes, oficinas y equipamientos culturales, además de más de 200 apartamentos. Con el paso de los años, irá emergiendo el bosque vertical.

El Huerto Urbano, en la planta 51 del CapitaSpring, en Singapur

Toda la ciudad de Singapur se ha comprometido con la idea de cubrir los rascacielos y edificios altos con plantas. Lo llaman Azoteas Verdes, y el objetivo es convertirse en una «ciudad de naturaleza» mediante plantas que aporten resiliencia climática, ecológica y social en un entorno megaurbano. Los 3.000 m² de «huerto urbano» o «vergel» en la azotea del rascacielos CapitaSpring ofrecen un bocado, en todos los sentidos, de esta idea. Tiene cinco jardines temáticos: Patrimonio Alimentario de Singapur, Bienestar, Huerto Mediterráneo, Huerto Nativo Australiano y Huerto Japonés.

Lantana camara, una especie de arbusto naturalizada que hay en CapitaSpring, es una planta anfitriona de la mariposa más pequeña de Singapur, la mariposa azul pigmea.

La recuperación del jardín doméstico del siglo XVII

El jardín útil

El jardín doméstico del siglo XVII era una combinación de huerta, farmacia, floristería y droguería, con un toque de mercería. El jardín, incluso el de la casa de campo de un jornalero, contenía plantas que proporcionaban alimento y condimentos para tres comidas al día, remedios para todo, desde dolores de cabeza hasta hemorroides, materiales para la confección y pesticidas. Plantas como el hinojo eran conocidas por todo el mundo, como se observa en el *Complete Herbal* de Culpeper (1653): «La mayoría de huertos lo cultivan; y no necesita recetas».

Foeniculum vulgare

Las verduras de la época

Había judías, zanahorias, coles, calabazas, chirivías y calabacines. Un alimento básico eran los guisantes, que no habrían sido los típicos guisantes verdes y tiernos, sino los guisantes negros, también conocidos como guisantes grises o guisantes de arce. Según la tradición, se comían como guisantes secos; es decir, se hervían con un chorrito de vinagre de malta y una pizca de sal y pimienta. Los guisantes negros también se secaban y se molían para hacer una especie de harina, y eran el ingrediente básico del puré de guisantes, que en las celebraciones especiales podía llevar torreznos, aunque a menudo solo se le añadían hierbas que, según cómo, hacían de acompañamiento.

Según los países, los guisantes también reciben otros nombres: chícharos, arvejas, alberjas o incluso pitipuá (del francés petit pois*).*

Hierbas útiles

Hierbas para cocinar: entre una amplia variedad de hierbas culinarias, había algunas imprescindibles, como el perejil, la salvia, el romero y el tomillo. Otras se utilizaban para condimentar el puré de guisantes, como por ejemplo el zurrón (*Chenopodium bonus-henricus*) y el cenizo (*Chenopodium album*), que también se conocía como «berza perruna» y «ceñiglo».

Hierbas para bebidas: el agua se consideraba peligrosa para beber. Por eso se elaboraban bebidas caseras como cerveza *ale*, sidra e hidromiel. Para disimular el sabor amargo de la cerveza, se añadían hierbas aromáticas, en una mezcla conocida como «gruit», que contenía mirto de Brabante (*Myrica gale*), artemisa, marrubio (*Marrubium vulgare*), brecina (*Calluna*), hiedra terrestre (*Glechoma hederacea*, también conocida en inglés como *alehoof*) y balsamita o hierba de Santa María (*Tanacetum balsamita*).

Hierbas para medicinas: un remedio de hierbas «sencillo» se preparaba en casa y solo llevaba un ingrediente, aunque ese ingrediente pudiera servir para más de una dolencia. Según esto, se usaban la altamisa (*Tanacetum parthenium*) para el dolor de cabeza, pero también para la artritis, el acúfeno y otros problemas, como un «tónico general para el útero» (Culpeper). Entre las plantas medicinales había hinojo, consuelda, llantén, mejorana, perifollo oloroso (*Myrrhis odorata*), tabaco y muchas más. Los remedios combinados utilizaban más de una planta (los boticarios a veces empleaban una asombrosa variedad de hierbas).

Salvia officinalis

Thymus vulgaris

Receta de agua de caracoles

Las hierbas podían combinarse con otros ingredientes más mundanos, como por ejemplo caracoles y gusanos (tostados y en gran cantidad, en algunos casos). Margaret Willes, en su libro *The Domestic Herbal* (2020), recoge esta receta de 1660 de la duquesa de Lauderdale. El tratamiento recomendaba beberlo tres veces al día (mañana, tarde y noche) y era especialmente adecuado para «niños débiles y ancianos».

«Tomamos un cuenco de caracoles y los lavamos bien cambiando el agua dos o tres veces; a continuación, los ponemos dentro de una cerveza pequeña, los restregamos, con cáscara y todo, y los colocamos en medio litro de leche de vaca roja con hojas secas de rosa roja, las partes blancas de romero cortado, mejorana, o un puñado de cada una, y lo destilamos con un alambique en frío. Después, lo dejamos secar sobre azúcar cande blanco o glas».

Plantas relacionadas con la ropa

Cáñamo (*Cannabis sativa*) y lino (*Linum usitatissimum*): ropa

Jabonera (*Saponaria officinalis*): jabón

Plantas para teñir: glasto (*Isatis tinctoria*), rubia roja (*Rubia tinctorum*), hiniesta de tintes (*Genista tinctoria*), cecidias (también llamadas agallas de roble)

Aro (*Arum maculatum*), también conocido como planta del almidón: almidón para lechuguillas (con muchos pliegues en la época isabelina)

Arum maculatum

Limpiadores vegetales de la casa

Era habitual esparcir hierbas por el suelo para que, al caminar sobre ellas, desprendieran su aroma. Por ejemplo, se hacía con la reina de los prados (*Filipendula ulmaria*) y el cálamo aromático (*Acorus calamus*).

Para mantener a raya las pulgas: hierba de gato (*Pulicaria dysenterica*) y aliso (*Alnus glutinosa*), ya que se creía que las hojas atraían a las pulgas; entonces, una vez que las pulgas se habían instalado cómodamente, se barría todo.

Para ahuyentar a las polillas: ruda (*Ruta graveolens*), ajenjo (*Artemisia absinthium*), abrótano (*Artemisia abrotanum*), mirto de Brabante (*Myrica gale*, también conocido como mirto de turbera).

Para echar a los ratones: menta (*Mentha*).

Ruta graveolens

«Ten millones [melones] por San Miguel y chirivías en Cuaresma; en junio, judías verdes y pescado en conserva. Con todo eso, y un buen potaje, te ganarás el corazón de tu trabajador».

Thomas Tusser, poeta y labrador inglés, *A Hundreth Good Pointes of Husbandrie* (1557)

Myrica gale

Jardines destacados de la A a la Z

Anne Spencer House y Garden Museum, Lynchburg, Virginia, Estados Unidos: casa y jardín de Anne Spencer, la poeta del Renacimiento de Harlem (1882-1975). Es el único jardín restaurado que se conoce de una afroamericana. En él se encuentra su casita de escritura, Edankraal, que toma el nombre de su esposo, Edward, y el suyo, además de la palabra africana *kraal*, que significa «corral» y/o «comunidad».

Butchart Gardens, Brentwood Bay, Columbia Británica, Canadá: antigua cantera de piedra caliza transformada en un magnífico jardín hundido, abierto al público, de 22 hectáreas.

Claude Monet (Jardín de), Giverny, Francia: el jardín del maestro impresionista, con senderos flanqueados por fabulosos parterres florales y el famoso estanque de nenúfares (véase la página 51).

Dubái (Jardín del Milagro de), Dubái, Emiratos Árabes Unidos: el jardín de flores más grande del mundo (72.000 m²), con 50 millones de flores y 250 millones de plantas.

Eram (Jardín de), Shiraz, Irán: elegante jardín histórico, en la ribera norte del río Khoshk, que se remonta al siglo XII.

Folly Farm, Sulhamstead, condado de Berkshire, Inglaterra: casa y jardín de estilo Arts & Crafts, transformados entre 1906 y 1912 por el arquitecto Sir Edwin Lutyens y la paisajista Gertrude Jekyll. Un rediseño reciente a cargo de Dan Pearson honra el legado de Jekyll al tiempo que incorpora nuevas zonas, como un jardín del viento con abundante vegetación silvestre.

Mormodes luxata, orquídea nativa de México, fácil de ver en los Jardines Botánicos de Vallarta.

Gardens by the Bay (Jardines de la Bahía), «Parque de los Superárboles», Singapur: estructuras futuristas que dominan el horizonte, con jardines verticales que presentan una asombrosa mezcla de plantas tropicales.

Humilde (Jardín del Administrador), Suzhou, China: uno de los principales jardines clásicos chinos, reconocido como Patrimonio de la Humanidad por la UNESCO.

Ilm (Parque junto al río), Weimar, Alemania: gran parque paisajístico influenciado por Johann Wolfgang von Goethe (su «casa de jardín» está dentro del parque).

Jardines Botánicos de Vallarta, Puerto Vallarta, México: jardín tropical de tierras altas, hogar de la mayor colección de orquídeas de México.

Keukenhof, Lisse, Países Bajos: espectacular parque floral que cubre 32 hectáreas con unos sorprendentes 7 millones de bulbos plantados cada año.

Longwood Gardens, Pensilvania, Estados Unidos: uno de los jardines públicos más grandes del mundo, compuesto por bosquecillos, praderas y jardines, entre los que destaca el notable jardín de arbustos recortados con arte topiario, que data de la década de 1930.

Majorelle (Jardín de), Marrakech, Marruecos: jardín amurallado con plantas espectaculares y colores llamativos como el amarillo ácido, el rojo intenso y el azul brillante conocido hoy como «azul Majorelle». Fue creado en los años veinte por el pintor Jacques Majorelle y adquirido y restaurado en 1980 por los diseñadores de moda franceses Yves Saint-Laurent y Pierre Bergé.

Nong Nooch (Jardín Botánico Tropical de), Chon Buri, Tailandia: jardín y atracción turística de 200 hectáreas con un centro científico dedicado al estudio de las cícadas.

Organopónico (Vivero Alamar), La Habana, Cuba: el huerto urbano más exitoso de Cuba ocupa 10 hectáreas en el barrio de Alamar. Proporciona frutas y hortalizas orgánicas, además de empleo local.

Powerscourt Estate, Enniskerry, condado de Wicklow, Irlanda: jardín de valor excepcional que ofrece vistas espectaculares y amplias terrazas ajardinadas, con un bosquecillo memorable.

Quinta de Monserrate, Sintra, en Portugal: paisaje de inspiración romántica en un entorno digno de un cuento de hadas.

Ryōan-ji (Templo), Kioto, Japón: jardín zen de estilo karesansui (seco y paisajístico), con origen a finales del siglo XV. Aunque es relativamente pequeño (25 × 10 m), alberga 15 piedras de diferentes tamaños dispuestas en grupos sobre un campo de grava blanca que los monjes rastrillan cada día. El musgo es la única planta viva.

Shalimar Bagh, Srinagar, estado de Jammu y Cachemira, India: jardín del siglo XVII con estructura *charbagh*, majestuoso y de gran tamaño, el más famoso de los jardines reales de la India.

Tasmania (Reales Jardines Botánicos de), Hobart, Australia: jardín de clima frío que alberga el único invernadero de plantas subantárticas del mundo.

Encephalartos horridus

Universidad de Oxford (Jardín Botánico de la), Inglaterra: fundado en 1621, es uno de los jardines científicos más antiguos del mundo. Alberga más de 5.000 especies de plantas, incluida una destacada colección moderna de plantas medicinales.

Villa d'Este, Tívoli, cerca de Roma, Italia: este innovador jardín es un ejemplo de la cultura renacentista y fue el primero de los Giardini delle Meraviglie (jardines de las maravillas) de Italia. Se extiende sobre dos laderas empinadas, con una impresionante variedad de cascadas que aprovechan la gravedad, fuentes, chorros de agua, estanques y grutas. Una obra maestra de la jardinería (y de la ingeniería hidráulica).

Wigandia, Noorat, estado de Victoria, Australia: jardín de secano moderno creado por William Martin en las laderas de un volcán extinguido, con una colección de plantas excepcional y ecléctica.

Xilitla, Jardín de Las Pozas, estado de San Luis Potosí, México: jardín escultórico de estilo surrealista creado por Edward James en la selva subtropical de las montañas de la Sierra Gorda de México.

Yuyuan (Jardín), Shanghái, China: jardín amurallado clásico, con numerosos edificios históricos, preservado en medio del bullicio y los neones de Shanghái.

Zahrady Pražského Hradu, Praga, República Checa: jardines renacentistas del castillo, situados en pleno centro de la ciudad, en unos antiguos viñedos medievales.

Rhododendron canescens

Capítulo 5

Personas que inspiran

Creativas. Innovadoras. Valientes. Este capítulo rememora a las personas que han cambiado (y que siguen cambiando) el mundo de las plantas y de los jardines al creer en una idea y llevarla a la práctica con coraje y pasión. Es nuestro particular paseo de la fama, que reúne historias de visionarios, exploradores, diseñadores y soñadores.

Mujeres que rompieron moldes

«Artista. Jardinera. Artesana»

A menudo se menciona a Gertrude Jekyll como una de las jardineras más influyentes de todos los tiempos, pero es interesante destacar que, de haber seguido su primera vocación, no se habría dedicado en absoluto a la jardinería. Nacida en 1843, Jekyll quería ser pintora, en una época en la que, por lo general, las mujeres no aspiraban a algo así. Pero Jekyll era distinta: había recibido una buena educación, había viajado mucho, era soltera por convicción y no tenía hijos. Fue una de las primeras mujeres en el Reino Unido en formarse como pintora, además de ser una consumada artista textil. Solo se volcó en la jardinería cuando perdió gran parte de la vista: su grave miopía le impidió seguir pintando o bordando. Así que no fue hasta casi los cuarenta años cuando diseñó su primer jardín. En 1889, conoció a un joven arquitecto llamado Edwin Lutyens durante una merienda en Surrey (según parece, hablaron de rododendros). Jekyll lo contrató para que diseñara su casa en Munstead Wood, mientras ella se encargaba del jardín. Juntos formaron un gran equipo, un dúo emblemático del movimiento Arts & Crafts. Pero eran una pareja curiosa: ella, una imponente dama de mediana edad; él, un arquitecto joven y novato que la llamaba, cariñosamente, «tía arrugas». Colaboraron en más de cien casas y jardines, creando espacios mágicos y románticos que siguen fascinando aún hoy. Jekyll fue increí-

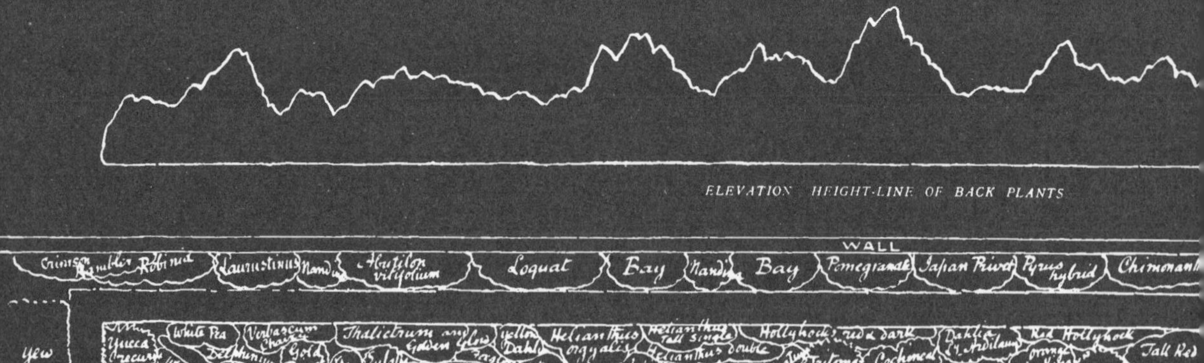

blemente prolífica: llegó a diseñar al menos 300 jardines más, en su mayor parte trabajando desde casa.

Aunque todo esto suene muy inglés, sus jardines no tenían el aire recargado del estilo victoriano o eduardiano típico. Jekyll tenía ojo de pintora y diseñaba los parterres en hileras y oleadas de color que fluían de tonos fríos a vivos y (a veces) de vuelta otra vez. También tenía un gran sentido práctico: disponía de un vivero y vendía plantas a sus clientes, pero solo después de haberlas probado ella misma. Jekyll fue también una escritora con talento, aunque no publicó su primer libro hasta los 56 años. Sus textos sobre jardinería aún suenan actuales, y algunas de sus frases tienen una genialidad sorprendente. En su libro *Colour in the Flower Garden* (1908), describe un tono de escarlata concreto en un geranio: «El color es puro y brillante, pero no cruel». Explicaba que debíamos aspirar a crear «cuadros» y «escenas» en los jardines. Murió en 1932. Su lápida, diseñada por Lutyens, reza simplemente: «Artista, jardinera, artesana».

«Estoy firmemente convencida de que la simple posesión de una cierta cantidad de plantas, por valiosas que sean y por numeroso que sea su conjunto, no constituye un jardín; no es más que una colección. Una vez se tienen las plantas, lo verdaderamente importante es elegirlas con sumo cuidado y con una intención clara. El mero hecho de poseerlas, o de haberlas plantado al azar por el jardín, equivale simplemente a tener una caja de pinturas de la mejor marca o, si vamos un paso más allá, a tener porciones de esas pinturas esparcidas sobre una paleta. Eso no constituye un cuadro; y me parece que lo que debemos a nuestros jardines, para mejorarlos, es emplear las plantas para que formen cuadros maravillosos».

Gertrude Jekyll, *Colour in the Flower Garden* (1908)

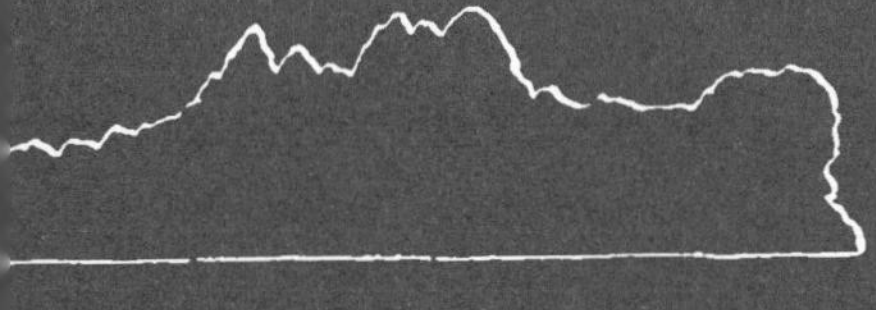

Plano del arriate principal de flores, ilustración de Gertrude Jekyll, *Colour in the Flower Garden*, 1908

Otras jardineras pioneras

Beatrix Farrand (1872-1959): neoyorquina con mirada de artista que se convirtió en una pionera para las mujeres en el ámbito de la arquitectura paisajista y el diseño de jardines.

Vita Sackville-West (1892-1962): poeta, escritora y jardinera aficionada, cuya inspiración dio lugar al célebre Jardín Blanco de su hogar en Sissinghurst, en el condado de Kent, Inglaterra.

Ruth Bancroft (1908-2017): experta en plantas suculentas que creó un xerojardín permanente cerca de San Francisco, en California, Estados Unidos.

Beth Chatto (1923-2018): apasionada innovadora del mundo vegetal, famosa por su jardín de grava en Essex, Inglaterra, reconocido a nivel mundial.

El fruto del árbol del pan enseña historia

La novelista y académica estadounidense, de origen antiguano, Jamaica Kincaid (nacida en 1949) ama su jardín de flores en Vermont, Nueva Inglaterra, Estados Unidos, por muchas razones. Ha escrito extensamente sobre las plantas y sobre ese jardín que cuida desde hace más de treinta años. «El jardín me ha enseñado a vivir, a valorar tanto los momentos de barbecho como los de plena floración».

Cuando Kincaid contempla su jardín, ve más allá de los parterres o incluso del horizonte. Para ella, las plantas también pueden estar cargadas de una historia turbulenta, y no teme abordar los aspectos más espinosos del tema. Creció en Antigua, donde, como observa, muchas de las plantas no eran autóctonas, sino introducidas por los británicos. El árbol del pan (*Artocarpus altilis*), traído a las Indias Occidentales para alimentar a las personas esclavizadas, es solo un ejemplo.

El algodón fue uno de los cultivos principales de Antigua y, en América, es una planta estrechamente ligada a la historia de la esclavitud. Aun así, lo cultiva en su jardín de Vermont porque le fascina su flor. «Cada año siento una pequeña punzada de tristeza, y a veces me digo: "Claro que no debería cultivar algodón por placer. Debería estar prohibido que una mujer negra cultive algodón simplemente porque ama sus flores."» La historia oscura de las plantas es un tema que se explora en *An Encyclopedia of Gardening for Colored Children* (2024), una obra realizada en colaboración con la artista Kara Walker.

«El tamarindo, el mango, el hibisco... todas esas cosas que formaron parte de mi imaginario infantil estaban ligadas a imperios, y el imperio es violento y político».
Jamaica Kincaid

Artocarpus altilis

Cazadores de plantas victorianos

Cosas de aventureros

Los cazadores de plantas, durante el reinado de la reina Victoria y posteriormente, han sido considerados a menudo como versiones reales de Indiana Jones, ya que sus aventuras, mientras recorrían el mundo en busca de «nuevas» especies, fueron realmente asombrosas. Peligros, enfermedades, calamidades... todo formaba parte del trabajo en la época del Imperio, un mundo de competencia despiadada, explotación implacable y exploración audaz. También era un mundo muy masculino.

La mujer que durmió en un volcán

La *Werneria staffordiae* es una planta subarbustiva que lleva el nombre de la única cazadora de plantas de su época. Se llamaba Dora B. Stafford y hoy en día se sabe muy poco de ella. No existe ninguna biografía, ni extensa ni breve, y es únicamente gracias a una entrada en la lista de botánicos de Harvard que sabemos que Stafford, del norte de Londres, recolectó plantas en lo más profundo del Perú entre 1930 y 1939. Concedió una entrevista al *Daily Herald* en 1938 titulada: «¡Ella duerme en un volcán!», en la que se la presentaba así: «Miss Dora Stafford, rubia y única cazadora de plantas del mundo, ha regresado a Londres tras quince meses de aventuras en el sur del Perú. Nos habla de las emociones y peligros en las remotas y temibles alturas de los Andes, donde arriesga la vida buscando... plantas que crecen en la roca». Stafford relató al diario cómo había huido de perros salvajes, bandidos y erupciones volcánicas mientras recolectaba especies alpinas (llevaba consigo cerca de mil especímenes, entre ellos muchas gencianas, un buen número de los cuales terminaron en Kew). En 1938, en una entrevista para el *Ellesmere Guardian* de Nueva Zelanda, compartió su opinión, bastante inusual, sobre cómo es vivir y trabajar en las alturas andinas: «Una ventaja de las grandes altitudes era que los alimentos se conservaban frescos y en buen estado durante un tiempo extraordinariamente largo. Un huevo, por ejemplo, aún está perfectamente bueno un mes después de haber sido puesto». Dora Stafford ha caído en el olvido en Europa, pero en Perú su nombre sobrevive en la planta subarbustiva que crece, como es apropiado, en las laderas de las montañas.

El largo y elevado relato del árbol de los pañuelos

Davidia involucrata

La próxima vez que veáis un árbol de los pañuelos (*Davidia involucrata*) en plena y desgarbada floración, pensad en Ernest Henry Wilson. Solo tenía 23 años cuando, en 1899, aceptó un puesto como cazador de plantas para Veitch & Sons de Inglaterra, con estas instrucciones explícitas: «El objetivo del viaje es recolectar una cantidad de semillas de una planta cuyo nombre conocemos. Ese es el objetivo. No pierda tiempo, energía ni dinero en ninguna otra cosa».

La planta era la *Davidia involucrata*, conocida entonces como el árbol de las palomas. Lo esperaba una expedición épica: primero en barco y tren hasta América, y luego hacia el suroeste de China, sorteando brotes de peste bubónica y diversos estallidos de violencia. Wilson, que más tarde escribiría sobre ello en su libro *Aristocrats of the Garden* (1907), logró por fin visitar al hombre (en China) que, unos años antes, había avistado ese árbol. Le dibujó su ubicación: un simple punto en un mapa de una región del tamaño del estado de Nueva York.

Durante su viaje a la remota región de Yunnan, Wilson tuvo un encontronazo con bandidos, fue arrestado como espía y estuvo a punto de ahogarse en un río de aguas bravas. Increíblemente, consiguió encontrar el árbol... aunque ahora no era más que un tocón junto a una casa recién construida. No obstante, meses después, mientras recolectaba semillas en otro lugar, lo volvió a hallar, esta vez en plena floración («con flores tan hermosas y abundantes que no pueden describirse con palabras»). Pero era mayo; y tuvo que esperar hasta noviembre para recoger las semillas.

Wilson llevó las semillas a Inglaterra, no sin antes descubrir —con el equivalente literario de apretar los dientes— que un botánico francés ya se le había adelantado: había recolectado semillas y cultivado el árbol, llevándose todo el mérito. Así que, aunque Wilson introdujo más de mil especies de plantas «nuevas» del Lejano Oriente en su época (su apodo era «el chino»), el árbol de los pañuelos no le trajo ni fama ni gloria.

Ribes sanguineum

Mr Douglas, el del famoso abeto

David Douglas nació en Scone, cerca de Perth, Escocia, en 1799: un espíritu rebelde al que le fascinaban las aventuras, las águilas, el aire libre y las plantas (posiblemente en ese orden). A los once años ya trabajaba como aprendiz de jardinero en el palacio de Scone y, siete años después, continuó su formación y causó tan buena impresión a sus superiores que lo recomendaron a la Sociedad de Horticultura de Londres (hoy la Real Sociedad de Horticultura) como el cazador de plantas ideal. Douglas fue un aventurero extraordinario, con águilas como mascotas y ropas de tartán hechas jirones tras recoger semillas por los bosques salvajes del noroeste del Pacífico en América del Norte. Entre sus peripecias, a menudo acompañadas de mal tiempo y peor suerte, figuran el ataque de un oso grizzly (al que disparó) y la pérdida de todos sus especímenes y equipo en un remolino de un río. La próxima vez que veáis las flores rojas de un grosellero americano (*Ribes sanguineum*), recordad que fue uno de sus hallazgos. Entre los árboles que llevó a Gran Bretaña están el pino de azúcar (*Pinus lambertiana*), el pino blanco americano (*Pinus strobus*) y el pino ponderosa (*Pinus ponderosa*). Sin embargo, se le conoce sobre todo por su imponente (sí) abeto de Douglas (*Pseudotsuga menziesii*), que puede alcanzar los 55 metros de altura. Douglas nunca fue un hombre de vida tranquila, y murió a los 35 años durante una expedición en Hawái, al caer en una trampa para capturar ganado salvaje y ser destripado por un ternero que había quedado atrapado en ella.

Pseudotsuga menziesii

Pinus strobus

Burle Marx: el modernista brasileño

Roberto Burle Marx (1909-1994) fue un hombre de muchos oficios, todos ellos ejercidos con gracia. Este arquitecto paisajista también fue un pionero defensor de la selva tropical. «Actualmente, la selva brasileña está siendo destruida en todo el país», declaró en un discurso en 1967. «Vaya donde vaya, se puede ver y percibir la destrucción. Es una situación de emergencia». Cabe destacar que se trataba de su primer discurso como cónsul designado ante la dictadura del general Humberto de Alencar Castelo Branco. El cargo comportaba toda una serie de obligaciones, por supuesto, pero Burle Marx lo utilizó como plataforma para denunciar problemas adelantados a su tiempo, como el cambio climático y la extinción de especies, subrayando el aumento de lluvias torrenciales y otras señales visibles.

También fue pintor y artista, un personaje excepcional con voz atronadora y un gran gusto por la fiesta. Diseñó numerosos parques y espacios públicos —entre ellos, el famoso paseo marítimo de Copacabana— y fue requerido en todo el mundo. Creó un vivero experimental y un jardín artístico extraordinario en su finca de 60 hectáreas en el barrio residencial de Guaratiba, en Río de Janeiro, donde le encantaba recibir a arquitectos de la talla de Le Corbusier y Frank Lloyd Wright. La colección botánica de Burle Marx albergaba 3.500 plantas tropicales, la mayoría autóctonas de Brasil. Fue también un buscador de plantas que participó en diversas expediciones por todo el país, en las que descubrió 37 especies hasta entonces no identificadas, que hoy llevan el epíteto latino *burle-marxii*. Su jardín ha sido declarado Patrimonio Mundial por la UNESCO, y sus palabras de advertencia, pronunciadas hace ya tanto tiempo, siguen siendo válidas hoy en día.

Características de un jardín Burle Marx

- Uso de plantas tropicales en arriates delimitadores y como parterres aislados
- Plantación en bloques de color
- Diseños en forma de damero o con ondulaciones circulares
- Curvas sinuosas bien marcadas
- Uso de mosaicos y elementos escultóricos
- Elementos de agua novedosos

Amaryllis brasiliensis

«Incluso se puede imaginar una planta como una nota. Tocada con un acorde, sonará de una manera determinada; con otro, su valor cambiará. Puede ser en legato, staccato, *fuerte o suave, tocada con una tuba o con un violín. Pero sigue siendo la misma nota».*

Roberto Burle Marx

Lancelot «Capability» Brown: un visionario pragmático

El hipernaturalista

Lancelot «Capability» Brown (1716-1783) es uno de los diseñadores más famosos —si no el que más— de todos los tiempos, aunque prácticamente lo tuvo todo en contra al empezar. Se crio en el condado de Northumberland, en el extremo norte de Inglaterra, donde su padre era capataz y su madre, sirvienta. A los 16 años se convirtió en aprendiz de jardinero en Kirkharle Hall (donde trabajaba su madre). A los 23, ensilló su caballo y se dirigió hacia el sur, trabajando en diversas residencias del campo. El gran punto de inflexión llegó pocos años después, en la espléndida mansión campestre de Stowe, en el condado de Buckinghamshire, cuando entró al servicio de Lord Cobham bajo la tutela del diseñador de jardines William Kent.

Kent admiraba el aspecto natural, algo revolucionario en una época dominada por los jardines formales. Brown hizo suyo ese lema y, además, debía transmitir seguridad y estilo, ya que en 1742, con solo 26 años, fue nombrado jefe de jardinería en Stowe. Durante su estancia allí, empezó a aceptar encargos de los amigos de Lord Cobham, y el estilo naturalista que lo caracterizaba —con interminables extensiones onduladas de césped salpicadas de intervenciones como estanques y arboledas— se convirtió en una tendencia paisajística imprescindible. Era famoso por su hiperactividad, recorriendo fincas a caballo y esbozando vistas que requerían cambiar el curso de ríos, mover colinas, árboles y cualquier otra cosa que estorbara.

Brown tenía la mirada de un visionario (al observar un paisaje, convencía enseguida a los propietarios sobre sus «capacidades»), pero lo equilibraba con un sentido pragmático y realista. Al fin y al cabo, era jardinero de corazón. Sí, solía buscar el efecto de un paisaje que se extendía infinitamente (más allá del horizonte) cambiando el curso de ríos o levantando colinas. Sin embargo, sabía ingeniárselas para hacer grandes movimientos de tierra e incluso inventó maquinaria para trasladar árboles adultos. El resultado era sorprendentemente natural, aunque fuera brutalmente antinatural, por supuesto.

Indicadores típicos de un paisaje al estilo Capability Brown

- Un imponente sendero sinuoso, meticulosamente planeado para impresionar con diferentes vistas
- Un gran estanque serpenteante, rodeado principalmente de hierba
- Agrupaciones de árboles sobre pequeñas colinas o en parques abiertos
- Uso de zanjas o desniveles (límites del terreno) para ofrecer vistas ininterrumpidas
- Un puente de piedra de estilo clásico (a menudo formando parte del imponente sendero sinuoso)

Lancelot «Capability» Brown

«Ahí pongo una coma, y allí, donde hay un giro más marcado, pongo dos puntos. En otro lugar, donde conviene una interrupción para romper la vista, un paréntesis; ahora un punto, y seguidamente empiezo otro tema».

Lancelot «Capability» Brown, explicando su «técnica gramatical» de diseño de paisajes en 1782

Trasladamos ese pueblo y ya está

En 1751, con 35 años, se pidió a Capability Brown que rediseñara el parque de Croome Court, en el condado de Worcestershire, que era, por consenso, principalmente un pantano improductivo. El pueblo de la zona, que quedaba a la vista de la mansión, se trasladó y se ocultó tras unos árboles. La iglesia medieval se tuvo que quitar de en medio y fue reemplazada por una nueva de estilo gótico. Los jardines formales que rodeaban la casa se eliminaron y se sustituyeron por un césped y un parque interminables, salpicados con caprichos de jardín y cosas por el estilo. Un río sinuoso de casi 3 km se excavó a mano y se remató con un estanque, alimentado por un sistema de conductos subterráneos diseñado por Brown. Además, había una enorme diversidad de plantas y un jardín amurallado exuberante. ¡Caramba! Los propietarios erigieron un monumento junto al estanque con una inscripción que decía así: «A la memoria de Lancelot Brown, quien, gracias a su inimitable genio creativo, hizo este jardín escénico a partir de lo que antes era un lodazal».

Lugares de interés de Capability Brown

Todos los siguientes sitios tienen el toque claro de Brown:

1. Castillo de Alnwick y Hulne Park, en Northumberland
2. Ampthill Park, en Bedforshire
3. Ashridge, en Hertfordshire
4. Audley End, en Essex
5. Basildon Park, en Brekshire
6. Berrington Hall, en Herefordshire
7. Palacio de Blenheim, en Oxfordshire
8. Bowood House y los jardines, en Wiltshire
9. Burton Constable, al este de Yorkshire
10. Charlecote, en Warwickshire
11. Chatsworth, en Derbyshire
12. Clandon Park, en Surrey
13. Jardín Paisajístico de Claremont, en Surrey
14. Compton Verney, en Warwickshire
15. Abadía de Coombe, en Warwickshire
16. Croome Court, en Worcestershire
17. Gatton Park, en Surrey
18. Gibside, en Tyne y Wyne
19. Harewood House, al oeste de Yorkshire
20. Bosque de Hatfield, en Essex
21. Highclere, en Hampshire
22. Ickworth, en Suffolk
23. Kirkharle, en Northumberland
24. Abadía de Lacock, en Wiltshire
25. Langley Park, en Buckinghamshire
26. Longleat, a Wiltshire
27. Luton Hoo, a Bedfordshire
28. Abadía de Milton, en Dorset
29. Moccas Park, en Herefordshire
30. Newton House (Castillo de Dinefwr), en Carmarthenshire
31. Petworth, al oeste de Sussex
32. Prior Park, en Somerset

33. Rothley Lakes, en Northumberland
34. Reales Jardines Botánicos de Kew, en Surrey
35. Sheffield Park, al este de Sussex
36. Stowe, en Buckinghamshire
37. Syon Park, en el Gran Londres
38. Temple Newsam, al oeste de Yorkshire
39. Jardines de Trentham, en Staffordshire
40. Uppark, al oeste de Sussex
41. Wallington, en Northumberland
42. Castillo de Warwick, en Warwickshire
43. Weston Park, en Staffordshire
44. Wimpole, en Cambridgeshire
45. Woodchester, en Gloucestershire
46. Wotton Underwood, en Buckinghamshire
47. Wrest Park, en Bedfordshire

Derek Jarman: jardinero de «vanguardia»

El desierto en el rincón más perdido de Dungeness

Nacido en 1942, Derek Jarman fue cineasta, artista y activista, y, después de enterarse de que había dado positivo en la prueba del VIH en diciembre de 1986, decidió huir de la vida londinense. En 1987 compró Prospect Cottage, en el pequeño pueblo pesquero de Dungeness, que había visto mientras rodaba en la playa con la actriz Tilda Swinton. Se trata de un paisaje que parece de otro mundo: llano, con playa pedregosa y el mar enfrente, y una central nuclear detrás. No hay vallas. La sensación de surrealismo se ve reforzada por el tren de vapor en miniatura que traquetea arriba y abajo detrás de la casa. Jarman pintó la casa de negro con las ventanas de un amarillo llamativo, y escribió el poema de John Donne «The Sunne Rising» en un lateral. Entonces decidió hacer su primer jardín, a la edad de 45 años.

Al principio, Jarman, a quien le encantaban las flores desde pequeño, intentó tener rosales. La mayoría no sobrevivió, y entonces empezó a trabajar con lo que creciera de forma natural, como col marina y plantas mediterráneas de secano, por ejemplo lavanda y perpetua. De entrada, observó, la gente de la zona lo veía como alguien relacionado con la magia (le gustaba vestir largas chilabas árabes). E hizo círculos de piedra y esculturas con madera que traía la marea, soldaba metal para darle diversas formas y mezclaba estas esculturas con amapolas rojas. «Jardinería en tiempo de descuento», escribió al lado de uno de los planos de plantación.

Jarman murió en 1994, y desde entonces Prospect Cottage se ha convertido en un lugar de peregrinación. Su jardín tiene un poder persistente: las esculturas permanecen en medio de un paraje precioso, azotado por el viento. En el año 2000, una iniciativa de micromecenazgo recaudó suficiente dinero para comprar Prospect Cottage para el Estado. Jarman dijo que su jardín siempre atrajo a un público más amplio que sus películas. «Debería haberme dedicado a la jardinería desde el principio —declaró—. No debería haberme dejado enredar por el cine. Eso es para desgraciados».

Plantas al estilo de Prospect Cottage

- Manzanilla amarga
- Centranto (*Centranthus ruber*)
- Col marina (*Crambe maritima*)
- Lavanda
- Amapolas

«El límite de mi jardín es el horizonte».

Derek Jarman

Santolina chamaecyparissus

Lavandula angustifolia

Crambe maritima

Otros jardineros rompedores

Frederick Law Olmsted (1822-1903)

Paisajista y creador de parques de los Estados Unidos, Olmsted, con su valedor Calvert Vaux, diseñó el Central Park de la ciudad de Nueva York, además de muchos otros, entre ellos Prospect Park, en Brooklyn. También fue periodista y uno de los primeros conservacionistas.

Karl Foerster (1874-1970)

Foerster, cuyo vivero estaba en Potsdam-Bornim, en Alemania, era conocido por su preferencia por plantas perennes, fuertes, resistentes y de fácil mantenimiento, que fueran hermosas, resilientes y vigorosas. Su fama le viene de una hierba que, según cuenta la leyenda, vio desde la ventana de un tren y que, tras accionar el freno de emergencia, recogió. La *Calamagrostis × acutiflora* «Karl Foerster» es hoy en día una de las hierbas ornamentales más apreciadas del mundo.

Olive Muriel Pink (1884-1975) y Johnny Jambijimba Yannarilyi (m. 1973)

La artista botánica Olive Pink y Johnny Jambijimba Yannarilyi, de la etnia warlpiri, trabajaron juntos para transformar un terreno deshabitado, donde pastaban cabras salvajes y conejos, en Alice Springs, Australia, en un jardín de plantas nativas abierto al público. El jardín botánico, inaugurado en 1986, contiene 600 especies de regiones áridas del centro de Australia, entre ellas muchas en peligro de extinción.

Calamagrostis epigejos

Edna Walling (1895–1973)

Paisajista, conservacionista, escritora y fotógrafa australiana, a Walling se le atribuye el mérito de alejarse del estilo anglocentrista hacia otro en armonía con el clima y los paisajes de Australia. Se inspiró en el matorral australiano, con un estilo naturalista que empleaba rocas, plantas de rocalla y otras plantas nativas.

Edavalath Kakkat Janaki Ammal (1897–1984)

E. K. Janaki Ammal fue una botánica pionera y citóloga vegetal, a menudo considerada la primera botánica de la India. Sus estudios sobre la caña de azúcar ayudaron a encontrar híbridos de esta planta. Su legado incluye una campaña para la protección del Parque Nacional del Valle Silencioso de Kerala, con gran cantidad de orquídeas raras; también trabajó en el Jardín de la Real Sociedad de Horticultura de Wisley (condado de Surrey, Inglaterra), de 1946 a 1951.

Thomas Church (1902–1978)

Church fue un paisajista estadounidense, famoso por basarse en principios modernistas en el diseño de jardines y por ser pionero del estilo californiano. Sus cuatro principios básicos, tal y como detalla en su libro de 1955 *Gardens Are for People*, son: unidad, funcionalismo, simplicidad y escala. «Un jardín no debería tener ni principio ni fin, y debería resultar agradable cuando se mire desde cualquier ángulo, no solo desde la casa», escribió.

Luis Barragán (1902–1988)

Arquitecto e ingeniero mexicano de renombre, famoso por el uso de bloques de colores y formas en sus edificios, y por una filosofía en la que el jardín tenía la misma importancia que el edificio. «El jardín perfecto, independientemente de su tamaño, debería incluir el universo entero, ni más ni menos», declaró. Su casa y su jardín en la Ciudad de México son Patrimonio de la Humanidad por la UNESCO.

Piet Oudolf (1944–)

Oudolf, el fundador de la Nueva Ola holandesa de mayor éxito, goza de una reputación mundial gracias al movimiento Nuevas Perennes. Sus diseños intrincados, que incluyen la High Line de la ciudad de Nueva York (véase la página 154), se centran en una plantación naturalista además de en la biodiversidad. Es un hombre al que le gusta romper las normas, y su jardín personal, en Hummelo, Países Bajos, fue un lugar de peregrinación hasta que se cerró al público en 2018.

Ron Finley

Este diseñador de moda y jardinero autodidacta ha iniciado una revolución de la horticultura en la jungla de asfalto de Los Ángeles. Comenzó plantando un bosque de frutales y hortalizas en una franja de tierra, propiedad de la ciudad, frente a su casa. «Todo empieza con una semilla», declaró. Una de sus campañas logró poner fin a la imposición de multas por hacer jardines en las aceras de Los Ángeles.

Pioneras que no cavaron nada

Sin esfuerzo...

La autora estadounidense Ruth Stout (1884-1980) llamó "sin esfuerzo" a su método de jardinería y, no hace falta decirlo, se hizo bastante popular. Sus procedimientos innovadores surgieron de la necesidad. Cuando comenzó a trabajar el huerto de la granja familiar en Poverty Hollow, cerca de Reading, en el estado de Connecticut, en los años cuarenta del siglo pasado, tenía que esperar a que alguien viniera a arar la tierra. A menudo esa persona se retrasaba, y al cabo de un tiempo, Stout decidió que ya no podía esperar más. En 1944 resolvió renunciar a arar y empezó a abonar el suelo con una capa de paja y hojas que tuviera al menos 20 cm de profundidad. No era muy exigente respecto a lo que contenía esa capa: básicamente cualquier cosa suficientemente buena para que el montón de compost funcionara bien como capa de abono. Su libro más conocido es el titulado sucintamente *Gardening Without Work* (1961).

... y sin cavar

Esther Deans (1911-2008) fue escritora, jardinera y conservacionista, y llegó a ser la autora australiana más publicada. Su mayor éxito de ventas se titula *Esther Deans' Gardening Book: Growing Without Digging* (1977), y se hizo famosa en los años setenta y ochenta precisamente por eso. Su método surgió de la desesperación, se podría decir, ya que se veía obligada a trabajar en un terreno de su jardín trasero en Sydney que era pura arcilla. Su solución fue abandonar la idea de cavar y, en cambio, construir el jardín hacia arriba, capa por capa. Las capas se componían de heno, compost, papel, gallinaza, paja y fertilizante. Continuó dedicándose a la jardinería hasta superar los noventa años. En una ocasión comentó: «Haga lo que haga, me aplico, tanto si me gusta como si no. Y pienso que es la primera lección que todos deberíamos aprender».

Cucurbita maxima

«Planté las semillas, y fue como hacer magia. Las calabaceras comenzaron a crecer y crecer, al igual que las judías. Lo que pasó fue increíble».

Esther Deans

Viaje al Extremo Oriente

Zheng Guogu y Age of Empires

El Jardín Liao de Yangjiang, en Cantón, en la costa suroeste de China, es un jardín, una obra artística viva y un estudio todo a la vez. Pertenece al artista Zheng Guogu, nacido en 1970, que lo comenzó en 2000 llamándolo el jardín Age of Empires, igual que el juego de ordenador con el que estaba obsesionado entonces. «En aquella época, en China había cerca de 80 millones de personas jugando a Age of Empires, así que pensé en incorporar los elementos del juego a la idea del jardín chino, pero no del tipo dinastías Ming y Qing, ni de los jardines de Suzhou, ni, más tarde, del jardín Liao de Kaiping, sino uno contemporáneo. Así que hicimos un jardín de esta era». Él y su equipo se pusieron a trabajar cavando canales y distribuyendo elementos de agua y edificios que incluían una pirámide dorada. También está «El Museo del Viento», que es una serie de capas abiertas, conectadas por escaleras y senderos. El jardín, que actualmente se llama Jardín Liao, sigue desplegándose con un atrio, un jardín de frangipani (la *Plumeria* es una planta que no suele verse en jardines chinos) y un elemento llamado *tianchi*, con contornos curvados en parcelas distribuidas en terrazas, donde cada uno de los más de doce niveles tiene agua, como una balsa.

Plumeria rubra

«Propusimos hacer un museo... pero no teníamos nada que exponer. El museo solo exhibe el viento, que es diferente cada día».

Zheng Guogu

Tokachi: visión del futuro

El Bosque del Milenio de Tokachi fue idea del magnate de los medios de comunicación Mitsushige Hayashi. Compró las 400 hectáreas de tierra en el extremo más septentrional de la isla japonesa de Hokkaido, en la década de los noventa del siglo pasado, con la idea de contrarrestar la huella de carbono de su negocio de periódicos. Quería llevar a cabo un proyecto conservacionista con una visión sostenible de mil años. Las dos personas que dieron el impulso práctico para hacer realidad esta visión son el diseñador de jardines británico Dan Pearson y la horticultora japonesa Midori Shintani. En las llanuras y las estribaciones boscosas de las montañas de Hidaka han explorado una nueva forma de hacer jardinería.

Es un esfuerzo totalmente en equipo. Pearson, superestrella de la jardinería en Gran Bretaña con un enfoque naturalista, ha estado trabajando en el proyecto desde el año 2000, y Shintani desde 2007. Ella aporta una manera intuitiva de trabajar basada en la sensibilidad de las tradiciones y las formas japonesas. El prado despejado de Pearson, animado por un paisaje ondulado a partir de un campo que era llano, forma parte de lo que él llama los «niveles ajardinados» del parque. Filas de plantas perennes y hierbas ondean allí, con colores que cambian constantemente, un paisaje majestuoso y hermoso. Tanto los jardines como los bosques son productivos.

Su enfoque se resume en la palabra *satoyama*: término geográfico que alude a la zona entre las estribaciones de las montañas y las tierras de cultivo, y también al espíritu y los valores de la gente que vive en armonía dentro de ese paisaje. El equilibrio es crucial y se basa en la creencia fundamental de que la gente solo debería tomar de la tierra lo que necesita. Para Pearson, la integración reflexiva ha sido clave.

Shintani otorga a la tradición, como la veneración de la naturaleza de los japoneses, la misma importancia, con la idea de que pueda desarrollarse en la vida moderna. La naturaleza avisa del momento en que hay que actuar: los primeros cantos del cuco indican que las nevadas pronto acabarán y que ha llegado el momento de la siembra. Shintani se remite al calendario japonés de la naturaleza con sus 72 microestaciones. Este calendario es poético y práctico a la vez en su guía, y eso encaja perfectamente en este lugar.

Iris ensata

Poesía en movimiento: 72 microestaciones

En Japón no existen simplemente las cuatro estaciones de primavera, verano, otoño e invierno: hay 24 divisiones principales, que a su vez se dividen en 72 microestaciones de aproximadamente cinco días cada una. La idea original proviene de China, pero fue reescrita en el siglo XVII para adaptarla al clima de Japón. Las fechas pueden variar según el año del calendario. Proporciona una guía poética aunque, obviamente, a veces la realidad no siempre coincida.

Inicio de la primavera
El viento del este derrite el hielo (4-8 de febrero)
Los pájaros cantores de los arbustos comienzan a trinar en las montañas (9-13 de febrero)
Los peces salen de debajo del hielo (14-18 de febrero)

Lluvia
La lluvia moja el terreno (19-23 de febrero)
La niebla se resiste a irse (24-28 de febrero)
Los árboles muestran brotes, la hierba crece (1-5 de marzo)

Despertar de los insectos
Los insectos que hibernan salen a la superficie (6-10 de marzo)
Primeras flores de los melocotoneros (11-15 de marzo)
Las orugas se transforman en mariposas (16-20 de marzo))

Equinoccio de primavera
Los gorriones empiezan a anidar (21-25 de marzo)
Primeras flores de los cerezos (26-30 de marzo)
Truenos lejanos (31 de marzo – 4 de abril)

Puro y claro
Las golondrinas regresan (5-9 de abril)
Las ocas vuelan hacia el norte (10-14 de abril)
Primeros arcoíris (15-19 de abril)

Crece el grano
Brotan los primeros juncos (20-24 de abril)
Crecen los plantones de arroz (25-29 de abril)
Florecen las peonías (30 de abril – 4 de mayo)

Comienza el verano
Las ranas empiezan a cantar (5-9 de mayo)
Los gusanos salen a la superficie (10-14 de mayo)
El bambú brota (15-20 de mayo)

Maduración menor
Los gusanos de seda comienzan a devorar las hojas de morera (20-25 de mayo)
El azafrán florece (26-30 de mayo)
El trigo madura (31 de mayo – 5 de junio)

Espigas de grano y semillas
Los saltamontes salen del huevo (6-10 de junio)
Aparecen las luciérnagas (11-15 de junio)
Las ciruelas se vuelven amarillas (16-20 de junio)

Solsticio de verano
Las brunelas se marchitan (21-26 de junio)
Los iris florecen (27 de junio – 1 de julio)
La *Pinellia ternata* brota (2-6 de julio)

Calor menor
Soplan vientos cálidos (7-11 de julio)
Primeros brotes de loto (12-16 de julio)
Los halcones aprenden a volar (17-22 de julio)

Calor mayor
Las paulonias han dado fruto (23-28 de julio)
Terreno húmedo (29 de julio – 2 de agosto)
A veces llueve fuerte (3-7 de agosto)

Inicio del otoño
Soplan vientos fríos (8-12 de agosto)
Cantan las cigarras al atardecer (13-17 de agosto)
Se extiende la niebla espesa (18-22 de agosto)

Calor soportable
El algodón florece (23-27 de agosto)
El calor comienza a disminuir (28 de agosto – 1 de septiembre)
El arroz madura (2-7 de septiembre)

Rocío blanco
El rocío brilla (8-12 de septiembre)
Trinan las lavanderas (13-17 de septiembre)
Las golondrinas se van (18-22 de septiembre)

Equinoccio de otoño
Cesan los truenos (23-27 de septiembre)
Los insectos hacen un refugio bajo tierra (28 de septiembre – 2 de octubre)
Drenaje de los campos (3-7 de octubre)

Rocío frío
Las ocas salvajes regresan (8-12 de octubre)
Los crisantemos florecen (13-17 de octubre)
Los grillos cantan junto a la puerta (18-22 de octubre)

Llegada de las heladas
Primeras heladas (23-27 de octubre)
A veces hay pequeñas lluvias (28 de octubre – 1 de noviembre)
Las hojas de arce y hiedra se vuelven amarillas (2-6 de noviembre)

Comienza el invierno
Las camelias florecen (7-11 de noviembre)
El terreno empieza a congelarse (12-16 de noviembre)
Los narcisos florecen (17-21 de noviembre)

Nevadas menores
Desaparecen los arcoíris (22-26 de noviembre)
El viento del norte sopla sobre las hojas de los árboles (27 de noviembre – 1 de diciembre)
Las hojas del mandarino tachibana comienzan a amarillear (2-6 de diciembre)

Nevadas mayores
Llega el frío de verdad, comienza el invierno (7-11 de diciembre)
Los osos empiezan la hibernación (12-16 de diciembre)
El salmón llega y sube por el río (17-21 de diciembre)

Solsticio de invierno
La brunela brota (22-26 de diciembre)
El ciervo pierde las astas (27-31 de diciembre)
El trigo brota bajo la nieve (1-4 de enero)

Frío menor
El perejil florece (5-9 de enero)
Las fuentes se congelan (10-14 de enero)
Los faisanes comienzan a cantar (15-19 de enero)

Frío mayor
Las zarzas brotan (20-24 de enero)
El hielo se espesa en los arroyos (25-29 de enero)
Las gallinas comienzan a poner huevos (30 de enero – 2 de febrero)

Gente famosa hablando sobre jardinería

«Hasta que no haces un hoyo, plantas un árbol, lo riegas y haces que sobreviva, no has conseguido nada. Simplemente charlas».

Wangari Maathai (1940-2011), activista político keniano y premio Nobel

«El mejor momento para plantar un árbol fue hace veinte años. El siguiente mejor momento es hoy».

Proverbio chino

«Las flores transmiten serenidad cuando las miras. No tienen conflictos ni emociones».

Sigmund Freud (1856-1939), psiquiatra austriaco

«No hay nada comparable, ni tan satisfactorio ni conmovedor, como recoger verduras que has cultivado personalmente».

Alice B. Toklas (1877-1967), escritora estadounidense

«Podemos quejarnos porque las rosas tienen espinas o alegrarnos porque los arbustos espinosos tienen rosas».

Jean-Baptiste Alphonse Karr (1808-1890), escritor francés, aunque suele atribuirse a Abraham Lincoln

Rosa × alba

«El mejor lugar para encontrar a Dios es en un jardín. Allí, puedes cavar para él».

George Bernard Shaw (1856-1950), dramaturgo irlandés

«La jardinería es un trabajo que dura toda la vida: nunca se termina».

Óscar de la Renta (1932-2014), diseñador de moda dominicano

«Olvidar cómo cavar la tierra y cómo cuidarla es olvidarnos a nosotros mismos».

Mahatma Gandhi (1869-1948), político indio

«En primavera, cuando termina el día, deberías oler a tierra».

Margaret Atwood (1939-), escritora canadiense

Vitis vinifera

«Mi vida ahora solo son los árboles. Los árboles y el champán».

Dama Judi Dench (1934-), actriz inglesa

«Plantar un jardín es soñar con el mañana».

Audrey Hepburn (1929-1993), actriz británica

«¿Qué es una mala hierba? Una planta de la cual no se han descubierto las virtudes».

Ralph Waldo Emerson (1803-1882), filósofo estadounidense

Ribes nigrum

Capítulo 6

Plantas comestibles increíbles

Nos sumergimos en una cornucopia de información dedicada a cómo cultivamos nuestros huertos y qué cultivamos en ellos. No se trata únicamente de comer y beber, aunque de eso hay de sobra, con recetas y consejos sobre todo tipo de cosas, desde alimentos del amor hasta bebidas de los dioses.

Plantas alcohólicas

Todo empieza con la fotosíntesis

En las raíces de toda gran bebida, hay una planta. Las plantas toman la luz del sol y dióxido de carbono, y lo convierten en oxígeno y (aquí está la clave) en azúcar. Cuando se añade levadura al azúcar, se obtiene alcohol. Diferentes plantas crean una gama igualmente diversa de bebidas alcohólicas. Con la caña de azúcar se hace ron; con el agave, tequila; con la uva, vino; con la patata, vodka; con el arroz, sake, y con la cebada o el trigo, cerveza, whisky, (más) vodka y ginebra. Pero incluso hay bebidas más exóticas a partir de plantas, como una bebida ceremonial llamada *mudai*, que se hace en Chile, con las semillas del pino araucano (*Araucaria araucana*).

Artemisia absinthium

Una locura y una pesadilla, pero no un peligro a la hora de cultivarla

El ajenjo (*Artemisia absinthium*), con su follaje de plumón de un verde grisáceo y su característico aroma amargo, es una hierba común que tiene muchos usos como insecticida y planta acompañante, además de proporcionar un contraste de color en ramos florales. Pero también esconde una historia de locura y adicción. Es uno de los principales ingredientes, junto con el anís verde y el dulce hinojo, de la absenta, también conocida como el «hada verde», una bebida alcohólica (con más del 80 % de vol. alc.) con mala reputación por convertir a sus apasionados en adictos aturdidos de ojos vidriosos. Basta con fijarse en la mirada vacía de la joven del cuadro titulado *La absenta* (1876), de Degas. La bebida, una de las favoritas de personalidades creativas como Toulouse-Lautrec y Ernest Hemingway, fue prohibida en Estados Unidos en 1912 y en Francia en 1914, pero ahora ha vuelto a los armarios de licor.

Cómo hacer vino de moras

Se consigue un vino medianamente seco. Necesitaremos un bol grande, dos frascos o jarras de cuatro litros, una bolsa de malla fina, una bola de algodón y una burbuja de aire para fermentaciones. Todo debe estar esterilizado antes de usarlo.

- 1,5 kg de moras
- 2 cucharaditas de levadura seca activa
- 1 kg de azúcar
- 1 limón
- 1 naranja

Rubus allegheniensis

1. Vertemos 2,2 litros (9 tazas) de agua hirviendo sobre las moras dentro de un bol grande y las aplastamos con una cuchara o un mortero, o (cuando se hayan enfriado) con la mano.
2. Dejamos reposar tres días, removiendo cada día.
3. Colamos y reservamos el jugo.
4. Añadimos el azúcar a un litro (4 tazas) de agua y lo hervimos hasta que se disuelva.
5. Vertemos el jugo y el jarabe de azúcar en el frasco o jarra de 4 litros.
6. Rallamos y exprimimos el limón y la naranja, y lo añadimos a la jarra.
7. Añadimos agua fría (pero previamente hervida) hasta completar los 4 litros.
8. Añadimos la levadura.
9. Usamos una «bola» de algodón para tapar y dejamos reposar unos cuantos días.
10. Colocamos la burbuja de aire para fermentaciones y dejamos fermentar durante tres meses.
11. Decantamos en otra jarra de 4 litros y dejamos reposar seis meses más, cuando debería estar listo para embotellar y beber.

Receta adaptada de *Wild Food* (2014), de Roger Phillips, quien advierte que a él le hizo falta un poco de pectinol para clarificar el vino.

Borago officinalis

Rosa rubrifolia

Cultivar una guarnición de cóctel

Plantamos lavanda, romero, tomillo, pepino, tilo, albahaca, berros, violetas y/o borraja.
Receta: Añadimos las flores a la bebida.

Extraer savia de un abedul o un sicómoro

1. Buscamos un árbol maduro a principios de primavera.
2. Hacemos un agujero inclinado hacia abajo, a aproximadamente 45 cm del suelo.
3. Insertamos un tubo, con el otro extremo dentro del recipiente.
4. Luego, tapamos el agujero con corcho para evitar que siga saliendo savia del árbol.
5. Nos vamos a casa para hacer vino o cerveza.

Recolectar para hacer una copa de vino

Aquí tenéis algunos de los múltiples frutos y flores que se encuentran en los zarzales y el campo, y que se pueden usar para hacer vino:

- Moras
- Frutos del saúco
- Frutos del majuelo
- Hojas de roble
- Escaramujos
- Flores de aliaga
- Tréboles
- Flores de diente de león
- Flores de hiniesta
- Savia de abedul

Ginebra: un ramo de borrachera dentro de una botella

De todos los licores que existen, el de espíritu más botánico quizás sea la ginebra. El alcohol, hecho de cereales como la cebada o el trigo, es solo el comienzo. El fruto del enebro (*Juniperus communis*) le da a la ginebra su sabor característico, y la ley de Estados Unidos exige que sea la base botánica de toda bebida que se llame ginebra. A partir de ahí, es una especie de fiesta botánica embotellada. Los ingredientes usados en la elaboración de la ginebra incluyen semillas de cilantro, piel de naranja amarga, lavanda, hojas de laurel, cubeba (*Piper cubeba*) y jengibre. Después vienen los sabores extra añadidos en el bar, que pueden ser borraja, pétalos de rosa y menta.

Juniperus virginiana

No, no puedes cultivar tu Pimm's personal

James Pimm nació en 1798, hijo de un pequeño propietario rural del norte de Kent, en Inglaterra. Con poco más de veinte años, dejó el trabajo de «comerciante de ostras» (el condado de Kent era el principal proveedor de ostras del país) y pronto compró un bar de ostras en la ciudad de Londres. Los «Pimm bricallaires» servían ostras y langosta, normalmente acompañados con cerveza stout o la «copa de la casa» basada en ron. Pero Pimm fue más audaz, y en la década de 1840 creó una bebida (la Pimm's N.° 1) con ginebra (entonces muy de moda), mezclada con extracto de frutas y hierbas. La receta sigue siendo secreta, aunque algunas de las plantas usadas son naranjas amargas, limón, bayas de enebro y jengibre.

Citrus × aurantium

Arriba y abajo: montaña y desierto

Probemos un higo chumbo (sin espinas)

Los cactus pueden parecer un poco espinosos, pero pueden ser deliciosos. Las palas anchas y planas, o nopales, de la chumbera (*Opuntia ficus-indica*) tienen sabor a limón con un toque crujiente, y se utilizan en muchos platos, como ensaladas, huevos y rellenos. También están los pequeños frutos ovalados, que crecen en el extremo de las palas y que, según su madurez, pueden resultar ligeramente dulces o claramente empalagosos. Al coger los frutos o las palas, hay que tener cuidado, ya que están cubiertos de espinas visibles, además de unos minúsculos pelillos punzantes, llamados gloquidios. Si los compramos en el mercado, ya se los habrán quitado; de lo contrario, tendremos que quitarlos nosotros mismos, con guantes y un cuchillo para pelar la fruta o, en el caso de las palas, eliminando los bordes y rascando la superficie.

El próximo destino, que sea alpino

Como decía la canción de la película *Sonrisas y lágrimas*, las colinas están vivas, y no solo con el sonido de la música. Las plantas silvestres comestibles que se encuentran en una excursión por la montaña pueden ser la acedera de montaña (*Oxyria digyna*), el cebollino alpino y las dulces fresas silvestres (*Fragaria vesca*)... un montón de plantas comestibles para preparar una ensalada alpina. También están la flor de las nieves (*Leontopodium alpinum* ssp. *nivale*), el laurel de San Antonio (*Chamaenerion angustifolium*), la barba cabruna (*Tragopogon pratensis*), el tomillo y la acedera, por mencionar algunas.

Oxalis acetosella

¿Habéis probado...?

Mezquite (*Prosopis*): sobre todo se utiliza como condimento ahumado para carnes o como alternativa al azúcar moreno, pero los brotes, que parecen guisantes, se pueden moler para hacer harina.

Pino piñonero (*Pinus monyphylla*): es una de las especies de pino que producen piñones comestibles, pero el árbol debe tener entre 10 y 25 años antes de producirlos.

Yuca (*Yucca*): el fruto de las variedades con hojas gruesas se puede comer crudo o incluso a la brasa.

Taray (*Tamarix*): las hojas y las láminas tiernas de este arbusto/árbol se pueden comer crudas o cocinadas.

Palmera dum (*Hyphaene thebaica*): esta palmera tiene frutos duros de color marrón que parecen pequeños cocos, y se pueden comer crudos o cocidos. Las hojas también se pueden aprovechar para hacer té o como condimento.

Acacia de Victoria (*Acacia victoriae*): estos árboles crecen en gran parte de Australia. Las semillas, que tienen sabor a fruto seco, se pueden tostar, moler y añadir a la harina, además de al helado y al café.

Zampa australiana (*Atriplex nummularia*): otra especie australiana. Probablemente, solo es salada cuando crece en terreno salino. Las hojas se utilizan como espinacas, y las semillas se tuestan.

Yucca gloriosa

Tamarix gallica

Recoger plantas silvestres

Asilvestrar nuestro jardín

¿Por qué no abastecerte de plantas silvestres directamente de nuestro propio jardín trasero? Es bastante fácil. Prácticamente todas las plantas «silvestres» se venden hoy en día en los centros de jardinería o por Internet. Se trata de plantar nuestras favoritas y, luego, cuando llegue el momento adecuado, salir a recolectarlas todas.

Mapa de sabores del vecindario

¿Qué crece en nuestro barrio que sea silvestre y comestible? Es una de esas preguntas que, cuando empezamos a responderla, nos damos cuenta de que siempre se aprende algo nuevo. Podemos inspirarnos en personas como el chef John Evans Ravenna, que hace más de una década tenía un restaurante en la capital de Perú, Lima, ciudad costera con una población de once millones de habitantes (y aún en crecimiento). Según un informe, Lima (como muchas otras ciudades) figura como un lugar donde no crece nada. Evans no lo veía así y se propuso hacer un «mapa de sabores» de la ciudad de la Costa Verde. Donde otros veían cemento y malas hierbas, él encontraba muchas otras cosas: el falso pimentero, típico árbol callejero (*Schinus molle*), con sus frutos rosados; la lechuga de mar y otras algas entre las rocas de la costa, y un tipo de planta herbácea, la cañihua (*Chenopodium pallidicaule*), similar a la quinoa. Lo interesante es que nuestro mapa de sabores no será como el de nadie más. Es un ejercicio que nos hace sentir bien... y que potencialmente resulta delicioso.

Características de un recolector de campeonato

Para salir a recolectar, no es necesario vivir en el campo (ni siquiera en un continuo «rururbano», como a veces se llama a esa zona de transición entre la periferia y el campo). Necesitaremos buena vista para la flora, curiosidad por las plantas silvestres comestibles, una guía de identificación y ganas de comprobar cómo nuestra lista puede convertirse en condimentos, sopas y un montón de otros alimentos. Cada lugar, por no decir cada país, es distinto.

Delicias de seto

Tenemos la «jalea de seto», pero de qué tipo sea depende del seto. Puede ser de espino, de frutos de saúco o de los abundantes escaramujos del rosal silvestre. En Australia, está el *lilly-pilly* (*Syzygium smithii*), con sus frutos brillantes. Sean cuales sean las bayas, la clave para el éxito es comprobar que tengan suficiente pectina. El *lilly-pilly*, por ejemplo, debería tener suficiente pectina; pero, en el caso de los frutos de espino albar o de los escaramujos, será necesario añadir un peso equivalente de cualquier tipo de manzanas comestibles. Esta receta, adaptada del libro de Christine Iverson *The Hedgerow Apothecary* (2019), es para una mezcla de frutos de plantas de seto.

Syzygium smithii

- 1 kg de manzanas comestibles
- 1 kg de mezcla de frutos comestibles de plantas de seto
- Azúcar

1. Eliminamos los tallos y troceamos las manzanas y los frutos comestibles de seto (especialmente los escaramujos).

2. Lo ponemos todo en una cacerola grande y añadimos suficiente agua para que la fruta flote. Dejamos hervir entre 30 y 40 minutos.

3. Lo pasamos por un colador forrado con muselina y dejamos que el jugo gotee dentro de una olla. Dejamos reposar toda una noche.

4. Medimos el jugo y, por cada 600 ml, añadimos unos 450 g de azúcar (hay quien lo prefiere más dulce).

5. Lo llevamos a ebullición lentamente y luego dejamos que hierva hasta alcanzar el «punto de gelificación». (Lo sabremos mediante la «prueba de la arruga»: congelamos un plato, ponemos un poco de gelatina encima y dejamos reposar un rato; luego la tocamos con el dedo. Si se arruga, está lista; si sigue líquida, seguimos hirviendo.)

6. La metemos en tarros esterilizados y los etiquetamos.

Aronia arbutifolia
Ribes uva-crispa

El equipo del recolector

- Guía campestre de bolsillo y/o aplicación de identificación de plantas
- Guantes, manga larga y pantalones largos, para protegerse de las zarzas, los arbustos espinosos y las ortigas (o, en los parajes secos, de los cactus)
- Unas podadoras son lo mejor, pero unas tijeras fuertes también pueden servir
- Bolsas o una cesta
- Mapa o papel y lápiz, para anotar dónde hemos encontrado determinadas plantas

Morus nigra

Las buenas maneras del recolector

- Si se quiere acceder a tierras privadas, se necesitará el permiso del propietario. Siempre se le puede ofrecer parte de lo recolectado.
- Evitar los lugares que se hayan reservado expresamente por interés científico y/o para la fauna salvaje.
- «No hacer daño» es el lema, y eso significa evitar las zonas de nidificación.
- Coger únicamente lo que se necesite y dejar flora en abundancia.
- No toquetear ni recoger nada que esté en peligro de extinción, y no excavar para llevarse plantas ni bulbos.
- Evitar las zonas próximas a campos que puedan haber sido rociados con pesticidas o a carreteras con mucha contaminación y tráfico.

Frutos silvestres del mundo

Todos estos frutos crecen de forma silvestre en distintas partes del mundo y pueden utilizarse para hacer gelatinas, mermeladas, vinagres, jarabes y salsas:

- Frutos del agracejo
- Moras
- Arándanos
- Bayas de los búfalos
- Frutos de la aronia
- Zarzaparrillas
- Frutos del saúco
- Frutos de la fucsia
- Grosellas
- Arándanos negros
- Moras de árbol
- Frutos de la *Muscadinia* (uva silvestre)
- Frambuesas
- Frutos del serbal silvestre
- Frutos de *Rubus spectabilis*
- Frutos de *Amelanchier alnifolia* (saskatoon)
- Espino albar
- Fresas

Árboles frutales famosos

¿Qué era el «fruto prohibido»?

Fue el fruto que lo desencadenó todo: Eva lo comió y lo compartió con Adán, y entonces, de repente, se dieron cuenta de que estaban desnudos. Los expulsaron del Paraíso y, bueno... ya conocéis la historia. Durante mucho tiempo, la manzana fue vista como la culpable, pero eso parece muy improbable, especialmente porque la manzana proviene de Asia central, que está bastante lejos del Jardín del Edén, que por amplio consenso se cree que estaba en Oriente Medio.

Por lo tanto, aquí tenéis algunas alternativas. A menudo se menciona la higuera, y sabemos que crecía porque Adán y Eva usaron hojas de higuera para cubrirse. Pero a veces la piel de la higuera puede resultar un poco dura. Nadie menciona el detalle de pelar el fruto prohibido, pero no podemos descartarlo. Otras posibilidades podrían ser un pomelo o una granada (aunque pelarlos sería más difícil) o quizás un albaricoque o un melocotón.

Ficus carica

El árbol de Frankenstein

Este árbol no existía en los tiempos del Génesis, y es una pena, ya que ofrece un gran abanico de posibilidades. Está formado por más de 40 tipos de frutas diferentes, lo que da lugar a la macedonia más sofisticada. Al llegar la primavera, estalla en una secuencia de flores de diferentes colores (rosa, carmesí, fucsia, rojo, blanco), seguidas de una diversidad de frutas de hueso. La idea se le ocurrió a Sam van Aken, profesor de arte de la Universidad de Syracuse, en el estado de Nueva York, Estados Unidos. Creció en una granja y desde pequeño había visto cómo se injertaba. «Es como el doctor Seuss, Frankenstein y todas esas cosas increíbles en las que piensas cuando eres un niño».

Van Aken ve su «árbol de las 40 frutas» como una obra de arte viva. Crear no es nada fácil, como demuestra su «vivero artístico» del campus. Trabaja con 250 variedades de árboles frutales de hueso del género *Prunus*, entre los que se encuentran almendros, melocotoneros, ciruelos, albaricoqueros, cerezos y nectarinos, la mayoría reliquias familiares o variedades poco conocidas. El portainjerto (el patrón) debe tener tres años y cuatro o cinco ramas antes de comenzar a injertar (brotear) en otros tipos de frutales, normalmente unos cuantos al año. De esta manera, tiene una serie de árboles en marcha en cualquier momento, antes de plantarlos.

Pero, ¿estos árboles son arte o, más bien, un postre muy rebuscado?

Prunus domestica

Prunus cerasus

La reina de las frutas

El sello real de aprobación

Machacadas para hacer una salsa muy deliciosa por el pueblo caribeño de la isla de Guadalupe, las piñas americanas han gozado de una reputación real en Europa desde que Cristóbal Colón las «descubrió» en 1493. Cuando regresó a la península ibérica, solo una de las piñas no se había podrido, pero eso fue suficiente para impresionar al rey Fernando el Católico, que calificó la fruta de «superior» a todas las demás. Las piñas se convirtieron en un símbolo de estatus, y eran tan valiosas que, fuera de las residencias reales, a menudo se alquilaban para servir de centro de mesa en las cenas.

¿Qué tienen en común las piñas y las pirámides?

Tanto las piñas como las pirámides de Guiza ilustran lo que los antiguos griegos llamaban la «proporción divina» o «razón áurea». Se trata del número irracional «phi», que puede representarse mediante la secuencia de Fibonacci, el matemático italiano, también conocido como Leonardo de Pisa. En cada piña hay 5, 8 o 13 espirales (todos números de Fibonacci), según qué cara se mida. Las hojas también están dispuestas según la razón áurea.

Las piñas en la arquitectura

Las piñas, en Europa símbolo de riqueza y estatus, además de hospitalidad desde el Renacimiento, se convirtieron en uno de los motivos preferidos de los arquitectos. (También se adoptaron después de las bellotas.) Las veréis en azoteas, barandillas, puertas y entradas. Algunas de las más espectaculares son:

- La casa de veraneo de 1761 de Dunmore Park, en Stirlingshire, Escocia, tiene una cúpula de piedra de 14 m tallada en forma de piña como elemento central.
- Sir Christopher Wren colocó una piña dorada en lo alto de las torres de poniente de la catedral de San Pablo, en Londres, Inglaterra.
- Sir John Soane puso una piña en lo alto del mausoleo que diseñó (donde están enterrados su esposa, su hijo y el propio Sir John), en la antigua iglesia de San Pancracio, en Londres, Inglaterra.

Los invernaderos con calefacción de Holanda

La obsesión europea por la piña americana respondía únicamente al hecho de que eran terriblemente difíciles de cultivar fuera de los trópicos. El primer requisito era tener un invernadero con calefacción. En Europa, fueron los holandeses, con sus extensos vínculos de comercio colonial, quienes lo consiguieron primero. Fue una mujer quien logró cultivar la primera piña americana en Europa: la acaudalada y culta (y ambiciosa) Agneta Block lo hizo en 1687 en los invernaderos de Vijverhof, que hizo construir especialmente con calefacción. No hace falta decir que la llegada de Guillermo III de Orange a Inglaterra en 1688 fue una buena noticia para los amantes de la piña: después de ser proclamado rey, se trasladó a Hampton Court con un séquito de jardineros expertos en invernaderos con calefacción para el cultivo de piñas.

No polinicemos las piñas

Las piñas son plantas perennes que crecen todo el año. Son bromelias y, aunque no son epífitas (es decir, que no crecen sobre otras plantas), sí comparten algunos atributos, como la capacidad de almacenar agua en las hojas. Las pequeñas hojas tubulares de color púrpura se agrupan en torno a un pedúnculo central. Son plantas asexuadas que pueden polinizarse por sí solas, aunque, en la naturaleza, también pueden ser polinizadas por murciélagos y colibríes, produciendo una gran cantidad de semillas. Uno de los objetivos básicos del cultivo de piñas americanas era poner fin a esta situación caótica: en Hawái, un país productor de piñas, se prohibió la importación de colibríes.

Trochilus furcatus

¿Quién se apunta a la dieta de la piña?

La piña es la única fuente conocida de bromelina, una enzima que digiere proteínas. Es un ingrediente principal para ablandar la carne y explica por qué la piña suele servirse a menudo con carnes, como por ejemplo el jamón. Y este hecho de combinarla con la carne esconde cierta historia oscura, ya que los primeros en cultivarla, aproximadamente en el 2000 a. C., fueron los indígenas caníbales tupí-guaraní de la Amazonia. La enzima proteolítica, que favorece la digestión y que supuestamente reduce la grasa abdominal, también explica por qué las piñas tienen tanto éxito en las dietas, entre ellas la «dieta sexi de la piña», difundida por el psicólogo danés Sten Hegeler y su esposa Inge en 1970.

Ananas comosus

El cultivo lento y casero de la piña

Qué necesitaremos:

- Una piña madura
- Una maceta
- Compost
- Mucha paciencia

1. Cortamos o arrancamos la corona justo por encima de la fruta y la dejamos secar unos cuantos días.

2. Pelamos tres o cuatro capas de las hojas inferiores. Veremos cómo aparecen las primeras raíces (si no, un círculo de puntos marrones indica dónde saldrán).

3. Podemos ponerla dentro de un recipiente lleno de agua para estimular el crecimiento de las raíces, antes de plantarla o colocarla directamente en una maceta llena de compost húmedo.

4. Le buscamos un lugar resguardado y soleado. No dejemos que le afecte el frío.

5. Esperamos dos años.

La leyenda de las Tres Hermanas

La unión hace la fuerza

El método tradicional de plantación de las Tres Hermanas se remonta a muchos cientos de años, según la Confederación Haudenosaunee de tribus indígenas americanas, también conocida comúnmente como Confederación Iroquesa. Esta confederación vivía en el interior del estado de Nueva York, extendiéndose hasta el lago Ontario, en lo que hoy en día son territorios de Estados Unidos y Canadá. Comprende las tribus mohawk, oneida, onondaga, cayuga y seneca. Las Tres Hermanas también eran conocidas entre otras tribus.

Para los haudenosaunee, las Tres Hermanas no son simplemente maíz, frijoles y calabazas, sino también dones divinos. En la leyenda seneca, se las conoce como Diohako, las que mantienen la vida. Las hermanas aparecen en el mito iroqués de la creación, además de en muchas otras leyendas. Normalmente suelen ser tres hermanas con un aspecto y un temperamento muy distintos: una es alta y de cabellos largos y sedosos, la otra es menuda y musculosa, y la tercera es de estatura media pero de carácter generoso. Las leyendas se centran en el hecho de que estas tres jóvenes se querían mucho, pero que se separaron y, cuando se reencontraron, fueron más fuertes unidas para siempre. Estas plantas se consideran sagradas, ya que alimentan a todos y aseguran la supervivencia.

El método tradicional

Las plantaban las mujeres, que se encargaban de los cultivos, y comenzaban colocando unos cuantos granos en un hoyo. A medida que crecían las plántulas (al menos hasta que alcanzaran 30 cm de altura), las mujeres amontonaban tierra alrededor de la planta. El montículo final medía aproximadamente 30 cm de altura y 60 cm de anchura. Las hileras tenían una separación de más de medio metro. Al cabo de dos o tres semanas de haber plantado las semillas de maíz, se plantaban las judías en los mismos montículos. Entre las hileras, se plantaban semillas de un cultivo de crecimiento lento, como las calabazas (o calabacines), hasta una o dos semanas más tarde.

Por qué funciona: los tallos del maíz sirven como estructuras para que trepen las judías, y las judías aportan nitrógeno al terreno. Las calabazas, que son de crecimiento lento, con sus grandes hojas y largos zarcillos, dan sombra a la tierra, conservan la humedad e impiden el crecimiento de malas hierbas.

Un elogio al maíz

El maíz era especialmente importante para los indígenas americanos porque le daban muchos usos. Se trataba del maíz blanco (*Zea mays*), que no es tan dulce como el amarillo (*Zea mays* ssp. *mays*) que se cultiva más extensamente hoy en día. Se machacaba para comer y se convertía en pan, masa cocida y pudin. También se consumía en forma de sopa y *succotash*, guiso que también contenía frijoles y calabaza. Las hojas se tejían para hacer esteras y cestas; el corazón de las mazorcas se usaba como cepillo. El inicio de la cosecha se celebraba cada año, en agosto o a principios de septiembre, con una Ceremonia del Maíz Verde.

Cucurbita maxima

Zea mays

Phaseolus vulgaris

Verdura descomunal

Cultivar una calabaza gigante

La calabaza forma parte de la familia de las cucurbitáceas, junto con los pepinos y los calabacines. Las calabazas, que se aceptan como verduras pero que técnicamente son frutas, normalmente tienen el tamaño de una pelota de baloncesto. Entonces, ¿qué tamaño puede alcanzar la más grande? El récord, que parece superarse cada año, ronda alrededor de los 1.224 kg, y correspondería a una calabaza del tamaño de un coche pequeño. Y realmente hay para hacer una pila tremenda de sopa, guiso y pastel. Y también hay que decir que sirve para hacer una impresionante linterna de Halloween. He aquí cómo conseguirla:

Eligir la semilla adecuada: la pista está en el nombre, y entre las diferentes variedades están la «Prizewinner» y la «Big Moose». Pero la que tiene el mejor palmarés de récords es la «Atlantic Giant». Hay que tener en cuenta que, como al cultivar una gigante, habrá semillas en abundancia al final de la temporada.

Se necesita sol: a las calabazas les encanta el sol, y a las gigantes, aún más; por lo tanto, hay que buscar el lugar más soleado y que no esté excesivamente expuesto al viento.

Preparar el parterre perfecto: hay que procurar dejar suficiente espacio para el gigante y, en primavera o, mejor aún, en otoño, hacer un hoyo enorme y llenarlo de compost y estiércol. O quizá se podría cultivar la calabaza en la pila de compost. Hay que regar con fertilizante orgánico, como sangre y restos de pescado y huesos. A las calabazas les gusta el suelo neutro o ligeramente ácido.

Plantar las semillas: si hay posibilidades de heladas a principios de la primavera, es aconsejable plantar las semillas dentro de un semillero pequeño lleno de compost orgánico sin turba. La cáscara exterior de las semillas gigantes puede ser dura, y hay gente a quien le gusta «rasparlas», puliéndolas un poco (solo los lados, no la punta) con una lima. O raspar unas pocas y plantar otras directamente, y ver qué pasa. Hay que mantener la humedad, pero sin regar en exceso. Cuando las raíces lleguen al fondo del semillero, hay que trasplantarla a uno más grande o, si ya hace bastante calor afuera, dejarla al aire libre en un lugar resguardado.

Trasplantarla: en climas fríos, quizá habrá que esperar hasta finales de la primavera para trasplantarla afuera. Hay que procurar que el hoyo sea lo suficientemente profundo para acomodar todas las raíces. Hay que regar las raíces (no las hojas), pero no regarlas en exceso, y quizás valga la pena dejarla tranquila unos días, ya que el suelo estará húmedo. Para conseguir una calabaza gigante, habrá que fertilizar el lugar cada semana.

«A menudo me preguntan por qué verduras gigantes. La verdad es que son divertidas».

Charlie McCormack, cultivador inglés de verduras gigantes

Cucurbita pepo

Polinización: las flores masculinas salen primero, y luego las femeninas. La masculina es más pequeña, y la femenina se puede reconocer porque en la base, justo debajo de la flor, hay un fruto en miniatura. Con las abejas y los polinizadores naturales debería ser suficiente, pero algunos cultivadores las polinizan a mano.

Prepararse para el gran volumen: la planta trepadora será formidable. Tiene que ser fuerte y firme antes de dejar que las flores femeninas den fruto. Hay que mantenerse atentos en cuanto la planta trepadora llegue a los 6 m y eliminar las puntas y los brotes secundarios. Dejar tres o, como mucho, cuatro flores (bien separadas) para que den fruto. No hace falta conservarlas todas, ya que, si se quiere una grande, cuando alcancen el tamaño de una pelota de voleibol, habrá que cortar todas menos una. Es la única que se quedará todo, y eso implica mantener sanos los zarcillos y las raíces también.

Cartón al rescate: hay que colocar la calabaza sobre un trozo de cartón grueso o madera contrachapada para evitar que se pudra y estropee por los insectos que viven en el suelo.

Observar cómo crece: hacia mediados del verano, la calabaza crecerá a lo loco; el momento adecuado para que las calabazas crezcan es por la noche, y algunas aumentan 13 cm de circunferencia cada noche.

Ternura, amor y cuidado: la cantidad de tiempo y esfuerzo que se dedique a la calabaza gigante depende de cada uno, por supuesto, pero hay que procurar que tenga suficiente agua (aunque no en exceso) y protegerla de fenómenos meteorológicos extremos. Hay cultivadores que cubren la calabaza ante lluvias fuertes o le instalan toldos los días de mucho calor. Cada uno tiene sus trucos especiales, entre los que está la idea de que la clave del éxito es orinar en un cubo cada mañana y regar con eso. No es obligatorio ni siquiera está científicamente demostrado.

Huertos urbanos ingeniosos

¿Es un aparcamiento o un huerto?

El huerto urbano más grande de París, en Francia, parece un aparcamiento subterráneo porque... bueno, antes era precisamente eso. Está bajo un edificio indescriptible de viviendas sociales de los años setenta del siglo pasado, en la parte fea del norte del distrito 18. Durante algún tiempo, los 9.000 m² de cemento estuvieron abandonados, refugio de okupas y drogadictos; pero en 2017 se limpió a fondo. Lo tomó una empresa llamada Cycloponics, que quería cultivar setas bajo tierra. La granja orgánica, llamada La Caverne, sí que cultiva setas a montón, y algunas plazas de aparcamiento se han reconvertido en huertos para hierbas y hortalizas. También hay una extensa sección para endibias, a veces consideradas rarezas del mundo vegetal, ya que les gusta crecer en la oscuridad. Todo lo que se cultiva allí se entrega a los restaurantes (en bicicleta). Donde antes había humo, ahora hay un tipo diferente de combustible: alimentos.

Verduras en marcha

Prinzessinnengarten, en Berlín, Alemania, a la vista de la parte del muro que queda, es un huerto urbano basado en hierbas y verduras que se cultivan en una variedad de contenedores fáciles de mover, como cajas, sacos de arroz y cajas de plástico. Los visitantes pueden recoger verduras y aprender a cultivarlas. También se puede pasar a tomar un café y admirar el verdor de lo que antes era un lugar donde solo proliferaban los grafitis. Con esta misma iniciativa, también se transforman temporalmente espacios urbanos sin uso, como solares, aparcamientos y terrazas, para hacer huertos urbanos

Cichorium intybus var. *foliosum*

Agaricus augustus

Hacer túneles para tener comida

Se llama «agricultura subterránea», y esta iniciativa en concreto ocupa un refugio antiaéreo de la Segunda Guerra Mundial en Clapham, al sur de Londres, Reino Unido. El ruido de los trenes subterráneos se puede escuchar dentro del refugio, que tiene un kilómetro de longitud, mientras los empleados de Zero Carbon Farms atienden los cultivos de hierbas y hortalizas bajo el brillo rosado de las luces LED. Entre los vegetales que se cultivan están: guisantes, cilantro, albahaca y rúcula; pero allí no hay suelo. Las semillas se siembran en trozos de alfombra y luego se hacen crecer mediante sistemas hidropónicos. En todo el proceso, a 33 metros bajo tierra, no se usan pesticidas y se aprovecha un 100 % de energía renovable. Allí abajo a nadie le preocupa el clima. Los productos se entregan a tiendas y restaurantes de la zona, y casi es comida de kilómetro cero.

Coriandrum sativum

Otros huertos urbanos

Hay huertos urbanos por todas partes, así que siempre tendremos alguno cerca.

Beacon Food Forest, en Seattle, estado de Washington, Estados Unidos: terreno público reconvertido en un huerto boscoso de plantas comestibles de 3 hectáreas para que la gente recoja lo que necesite.

Huerto Urbano Pasona, en Tokio, Japón: empresa que cultiva verduras y tomates en sus espacios de oficina, por ejemplo, tomates colgando del techo.

Pequeños espacios en São Paulo, Brasil: al técnico agrícola Marcos Victorino se le ocurrió la idea de usar tejas grandes volteadas para plantar verduras y frutas en balcones, azoteas y pequeñas zonas pavimentadas de la ciudad, formando así una red de minihuertos urbanos.

Huertos urbanos de Chengdu, en la provincia de Sichuan, China: una iniciativa de veinte pisos, construidos bajo el amparo de la Academia China de Ciencias Agrícolas, que representa la automatización puntera de la horticultura a nivel mundial.

Índice

Créditos de las ilustraciones

I = inferior, C = centro, E = izquierda, D = derecha, S = superior

Cubierta: Rawpixel.com; Rawpixel.com / Library of Congress; Rawpixel.com / New York Public Library.

4 Rawpixel.com; 7 Rawpixel.com / Library of Congress; 8 Rawpixel.com / New York Public Library; 11 Rawpixel.com / OpenClipArt; 13 Wiki Commons / Kurt Stueber; 14 Rawpixel.com / Wellcome Collection; 15I Rawpixel.com; 15S Rawpixel.com / Biodiversity Heritage Library; 17 Rawpixel.com / Biodiversity Heritage Library; 19 Rawpixel.com / Wellcome Collection; 21 Rawpixel.com; 22 Shutterstock / Dasha Si SD; 22 Shutterstock / Ermak Oksana C; 22 Shutterstock / MarBom CE; 23 Wiki Commons / JonRichfield SD; 23 Rawpixel.com / Biodiversity Heritage Library I; 24 Rawpixel.com; 25 Rawpixel.com; 27 Rawpixel.com / Biodiversity Heritage Library SE; 27 Rawpixel.com / New York Public Library SD; 27 Rawpixel.com / New York Public Library IE; 27 Rawpixel.com / New York Public Library ID; 29 Cornell University; 30 Rawpixel.com / Cleveland Museum of Art; 31 Rawpixel.com I; 31 Rawpixel.com / Library of Congress S; 32 Rawpixel.com; 35 Wiki Commons / Norton Simon Museum; 36 Rawpixel.com / Biodiversity Heritage Library; 39 Rawpixel.com / Library of Congress; 41 Rawpixel.com / Statens Museum for Kunst; 42 Flickr / Biodiversity Heritage Library; 43 Flickr / Biodiversity Heritage Library; 44 Rawpixel.com / New York Public Library; 47 Rawpixel.com / The Rijks Museum; 48 Rawpixel.com; 51 Rawpixel.com / Princeton University Art Museum; 57 Rawpixel.com / New York Public Library; 58 Rawpixel.com / Library of Congress; 60 Shutterstock / DragonTiger8 I; 60 Shutterstock / Evgenii Skorniakov S; 61 Shutterstock / dueanchai intaraboonsom SD; 61 Shutterstock / lady-luck ID; 61 Vecteezy.com / Matt Cole SE; 61 Vecteezy.com / Oleg Gapeenko SD; 61 Vecteezy.com / Rahim miah SE; 61 Vecteezy.com / Sonnycool SC; 64 Rawpixel.com / Library of Congress; 65 Rawpixel.com / New York Public Library; 67 Rawpixel.com; 71 Flickr / Biodiversity Heritage Library SD; 71 Rawpixel.com SE; 71 Rawpixel.com / New York Public Library IE; 72 Rawpixel.com / Biodiversity Heritage Library SC; 72 Rawpixel.com / Cleveland Museum of Art SE; 72 Rawpixel.com / Library of Congress SD; 72 Rawpixel.com / New York Public Library ID; 72 Rawpixel.com / New York Public Library IC; 75 Rawpixel.com / Statens Museum for Kunst; 77 Rawpixel.com / Wellcome Collection; 78 Rawpixel.com; 79 Rawpixel.com; 81 Rawpixel.com / Cleveland Museum of Art; 82 Vecteezy.com / Oleg Gapeenko; 84 Rawpixel.com / Wellcome Collection; 85 Rawpixel.com / The British Library ; 87 Rawpixel.com / The Internet Archive I; 87 Rawpixel.com / The MET Museum S; 88 Rawpixel.com; 90 Rawpixel.com; 92 Rawpixel.com / New York Public Library D; 92 Rawpixel.com / The Yale University Art Gallery E; 93 Rawpixel.com E; 93 Rawpixel.com / Wellcome Collection D; 94 Rawpixel.com / Biodiversity Heritage Library E; 94 Rawpixel.com / Library of Congress D; 95 Rawpixel.com / Biodiversity Heritage Library I; 95 Rawpixel.com / New York Public Library S; 96 Rawpixel.com / Wellcome Collection; 97 Rawpixel.com / New York Public Library; 99 Rawpixel.com / New York Public Library; 103 Rawpixel.com / Statens Museum for Kunst; 104 Flickr / Biodiversity Heritage Library E; 104 Rawpixel.com / Biodiversity Heritage Library D; 105 Flickr / Biodiversity Heritage Library I; 105 Wiki Commons / Biodiversity Heritage Library D; 105 Wiki Commons / The Internet Archive C; 106 Rawpixel.com / Library of Congress; 109 Rawpixel.com I; 109 Rawpixel.com / University of Pittsburg S; 110 Rawpixel.com S; 110 Rawpixel.com IE; 110 Rawpixel.com / Rijks Museum ID; 111 Rawpixel.com / Cleveland Museum of Art; 112 Flickr / Biodiversity Heritage Library I; 112 Rawpixel.com S; 113 Rawpixel.com S; 113 Rawpixel.com I; 115 Freepik I; 115 Vecteezy.com / Matt Cole C; 115 Vecteezy.com / Matt Cole S; 115 Vecteezy.com / Oleg Gapeenko E; 115 Vecteezy.com / Oleg Gapeenko C; 115 Vecteezy.com / Rahim miah IE; 115 Vecteezy.com / Sonnycool C; 116 Flickr / Biodiversity Heritage Library; 117 Rawpixel.com / New York Public Library; 118 Flickr / Biodiversity Heritage Library IE; 118 Flickr / Biodiversity Heritage Library S; 118 Wiki Commons / Missouri Botanical Garden Library ID; 119 Flickr / Biodiversity Heritage Library; 120 Wiki Commons / Biodiversity Heritage Library; 124 Rawpixel.com; 126 Map by FreeVectorMaps.com; 128 Rawpixel.com / National Park Service; 129 Rawpixel.com / The Smithsonian; 130 Rawpixel.com / New York Public Library S; 130 Rawpixel.com / New York Public Library I; 131 Rawpixel.com / Cleveland Museum of Art; 136 Rawpixel.com / Biodiversity Heritage Library; 137 Rawpixel.com / Rijks Museum S; 137 Rawpixel.com / Rijks Museum I; 138 Rawpixel.com / The Smithsonian E; 138 Rawpixel.com / The Smithsonian D; 138 Rawpixel.com / The Smithsonian C; 139 Rawpixel.com / The Smithsonian; 141 Rawpixel.com / New York Public Library; 145 Rawpixel.com / Wellcome Collection; 147 Rawpixel.com / Biodiversity Heritage Library; 148 Map by FreeVectorMaps.com; 149 Rawpixel.com; 153 Rawpixel.com D; 153 Rawpixel.com / Biodiversity Heritage Library E; 154 Freepik / brgfx ID; 154 Freepik / valadzionak_volha IE; 154 Shutterstock / vladmark C; 156 Rawpixel.com / Rijks Museum; 157 Rawpixel.com / Rijks Museum; 159 Rawpixel.com / New York Public Library; 160 Rawpixel.com / Library of Congress; 161 Rawpixel.com / New York Public Library S; 161 Rawpixel.com / New York Public Library I; 162 Rawpixel.com / The National Gallery of Art S; 162 Rawpixel.com / Wellcome Collection I; 163 Rawpixel.com S; 163 Rawpixel.com / New York Public Library I; 164 Wiki Commons / Missouri Botanical Garden Library; 166 Rawpixel.com / Biodiversity Heritage Library; 168 Rawpixel.com / New York Public Library; 170 Wiki Commons / Biodiversity Heritage Library; 173 Rawpixel.com / Wellcome Collection; 175 Wiki Commons / Missouri Botanical Garden Library; 176 Wiki Commons / Hortus Botanicus Leiden; 177 Rawpixel.com / New York Public Library I; 177 Rawpixel.com / The Smithsonian S; 179 Rawpixel.com / New York Public Library; 181 Art Collection 3 / Alamy Stock Photo; 183 Wiki Commons; 185 Flickr / Biodiversity Heritage Library; 185 Rawpixel.com IE; 185 Wiki Commons / Missouri Botanical Garden Library S; 186 Flickr / Biodiversity Heritage Library; 189 Wiki Commons / Real Jardín Botánico; 190 Rawpixel.com / Cleveland Museum of Art; 191 Rawpixel.com / Rijks Museum; 194 Rawpixel.com / Library of Congress; 195 Rawpixel.com / New York Public Library; 196 Rawpixel.com; 198 Rawpixel.com; 199 Rawpixel.com / USDA National Agricultural Library; 200 Flickr / Biodiversity Heritage Library S; 200 Rawpixel.com / Library of Congress I; 201 Rawpixel.com / New York Public Library; 202 Rawpixel.com; 203 Rawpixel.com / New York Public Library S; 203 Rawpixel.com / New York Public Library I; 205 Flickr / Biodiversity Heritage Library; 206 Rawpixel.com / The Smithsonian E; 206 Rawpixel.com / USDA National Agricultural Library D; 207 Rawpixel.com / New York Public Library; 208 Rawpixel.com / New York Public Library; 209 Rawpixel.com / New York Public Library I; 209 Rawpixel.com / USDA National Agricultural Library S; 211 Rawpixel.com / New York Public Library; 212 Rawpixel.com / Biodiversity Heritage Library; 213 Rawpixel.com / New York Public Library S; 213 Rawpixel.com / USDA National Agricultural Library I; 215 Flickr / Biodiversity Heritage Library ID; 215 Rawpixel.com / Biodiversity Heritage Library IE; 217 Rawpixel.com / New York Public Library; 218 Flickr / Biodiversity Heritage Library E; 218 Rawpixel.com / Biodiversity Heritage Library D; 219 Rawpixel.com.

Se ha hecho todo lo posible para acreditar los derechos de autoría de las imágenes empleadas en este libro. El editor se disculpa por las posibles omisiones o errores, e insertará los reconocimientos adecuados a las empresas o las personas correspondientes en las posteriores ediciones de la obra.

Agradecimientos de la autora

Agradezco a Sorrel Wood y a todo el personal de The Bright Press y de Mitchell Beazley que me hayan permitido profundizar en el fascinante mundo de las plantas en todo su esplendor, para poder hacer un libro ilustrado tan precioso. Tengo una deuda especial con Izzie Hewitt y Katie Crous por su habilidad editorial, así como con la Real Sociedad de Horticultura por su orientación y experiencia.